地震灾害防治实务手册

沈繁銮　编著

地震出版社

图书在版编目（CIP）数据

地震灾害防治实务手册/沈繁銮编著.
—北京：地震出版社，2019.4 (2023.5重印)
ISBN 978-7-5028-5062-3
Ⅰ.①地… Ⅱ.①沈… Ⅲ.①地震灾害-灾害防治-手册
Ⅳ.①P315.9-62
中国版本图书馆 CIP 数据核字（2019）第 056225 号

地震版 XM5532/P (5780)

地震灾害防治实务手册
沈繁銮　编著
责任编辑：刘素剑
责任校对：凌　樱

出版发行：地震出版社
北京市海淀区民族大学南路 9 号　　邮编：100081
发行部：68423031　68467993
总编室：68462709　68423029
专业部：68467971
http://seismologicalpress.com
E-mail：dz_press@163.com
经销：全国各地新华书店
印刷：河北盛世彩捷印刷有限公司

版（印）次：2019 年 4 月第一版　2023 年 5 月第二次印刷
开本：880×1230　1/32
字数：94 千字
印张：3.375
书号：ISBN 978-7-5028-5062-3
定价：28.00 元

前 言

笔者从事地震工作30多年，在长期的防震减灾工作实践中，注重分析防灾减灾案例，研究防震减灾对策措施，解决基层工作中的问题，形成了对地震灾害防治的一些思考。举个例子，2008年汶川特大地震发生后，海南地震灾害救援队是第一支到达重灾区北川开展救援的专业救援队，救援队一行54人，经历6个日夜的奋战，成功地从地震废墟中营救出19名幸存者，是救援效率最高的一支队伍，然而假如少倒塌哪怕是一栋楼房，所能保护挽救的生命何止是19人呢？可见提高地震灾害防治能力需要从源头上解决问题。故此，笔者潜心编写此书，期望能为地震灾害防治工作提供一些帮助。

防震减灾相关从业人员首先需要了解国家的大政方针。党的十八大以来，以习近平同志为核心的党中央高度重视防灾减灾救灾工作，将防灾减灾救灾工作提升到党和国家全局的战略高度，给新时代防震减灾发展带来历史性战略机遇。为方便查阅和理解国家防灾减灾救灾体制机制改革要点要义，笔者对此进行了摘录，笔者从重要性、方法论和保障力三个方面进行了叙述并配以自己的体会和思考。灾害风险管理是一门学科理论，颇为复杂和深奥，笔者将其理念和重点知识整理出来，采用科普的形式，生动的语言阐述使其通俗易懂。为深入了解国家有关防震减灾重大项目，以台湾海峡6.2级地震预警、跨断层铺前大桥建设、新疆“安居富民”工程实施、意大利拉奎拉地震事件等典型案例，配套说明相关项目的作用、意义和措施。其次在市县基层落实社会防震措施中，常常存在执行难、执行不到位、执行走过场、执行走偏等问题，抓不住重点或抓不住关键，为此笔者介绍了完善工作体系机制的海南做法、综合减灾社区建设的台湾经验、抗震设防的智利奇迹和抗震农居的广西苍梧地震、防震减灾宣教的安徽阜阳地震启示。最后是提高个人防震减灾能力，其关键是提高防灾意识，虽然各种灾害个人应对的技巧不尽相同，但是对于提前预防的思想意识和敏锐性都是同样的要求，应对灾难的最高技巧是事先避开灾难或者阻止灾难发生，笔者在介绍遭遇地震及其次生灾害的各种情境时，结合案例重点强调的是预防的能力。

本书介绍的知识内容未必全面，但力求准确、科学、实用，可作为防震减灾相关从业人员工作的参考手册，也期望在防震减灾科普宣教等活动中能够帮助把握重点。由于受到个人经历和知识面的局限，可能存在不够周全之处，愿意接受读者的批评指示。本书图片和案例内容来自学术交流和媒体公开报道。

沈繁銮

2019年4月于海口市

目 录

1 概述

党的十八大以来，以习近平同志为核心的党中央，将人民的生命安全摆在首位，前所未有地重视防灾减灾救灾工作，通过体制机制改革和重大任务部署，着力提升我国自然灾害的防治能力。2018 年成立应急管理部，将分散的应急管理相关职能进行整合，以防范化解重特大安全风险，健全公共安全体系，整合优化应急力量和资源，打造统一指挥、专常兼备、反应灵敏、上下联动、平战结合的中国特色应急管理体制。由此，我国应急管理进入了新时代。

中华人民共和国应急管理部

1.1 新时代的我国应急管理

作为国务院组成部门，应急管理部的主要职责是，组织编制国家应急总体预案和规划，指导各地区各部门应对突发事件工作，推动应急预案体系建设和预案演练。建立灾情报告系统并统一发布灾情，统筹应急力量建设和物资储备并在救灾时统一调度，组织灾害救助体系建设，指导安全生产类、自然灾害类应急救援，承担国家应对特别重大灾害指挥部工作。指导火灾、水旱灾害、地质灾害等防治。负责安全生产综合监督管理和工矿商贸行业安全生产监督管理等。按照分级负责、属地管理为主的原则，一般性灾害由地方各级政府负责，各级政府的应急管理部门相应组建成立，形成完善的我国新时代应急管理行政体系。

纵观新中国成立以来应急管理工作发展历程，从早期的各部门独立负责、分散管理、单项应对，到改革开放后经历 2003 年抗击“非典”、2008 年汶川特大地震抗震救灾等一系列重特大突发事件的磨练，逐步向综合协调的应急管理方式转变。进入新时代，发展为综合、统一的应急管理模式，我国应急管理工作理念也发生了重大变化，即从被动应对到主动应对，从专项应对到综合应对，从应急救援到风险管理。

新时代的应急管理有如下特点：一是大应急概念，更加注重风险管理，即针对各类突发事件，包括自然灾害、事故灾难、公共卫生事件和社会安全事件，从预防与应急准备、监测与预警、应急处置与救援到事后恢复与重建等全方位、全过程的管理；二是坚持预防为主的理念，以社会治理为指导，以一案（应急预案）三制（体制、机制、法制）为主线，以能力建设为重点，将关口前移，更加注重对安全隐患的排查和处理；三是更加注重综合减灾实效，强调系统治理、依法治理、源头治理和综合治理，重点提高基层能力，将重心下移、力量下沉、保障下倾，统筹应急资源，充分发挥市场机制和社会力量的作用。

1.2 应急管理下的防震减灾

国务院机构改革方案中，考虑到中国地震局与防灾救灾联系紧密，划由应急管理部管理，将中国地震局的震灾应急救援职责归入应急管理部，相应的部门和机构进行转隶。各省地震局仍由中国地震局垂直管理为主，各地市县防震减灾主管部门或机构绝大部分都归并到应急管理部门。应急管理下的防震减灾工作局面已经形成，防震减灾工作需要主动适应、积极融入应急管理模式。

应急管理需要实行准军事化管理模式，防震减灾工作者要与之对标对表，习近平总书记向消防救援队伍致训词强调，对党忠诚、纪律严明、赴汤蹈火、竭诚为民。坚决做到服从命令、听从指挥，恪尽职守、苦练本领，不畏艰险、不怕牺牲，为维护人民生命财产安全、维护社会稳定贡献自己的一切。

加强地震灾害风险管理，着力防范化解重大地震灾害风险，在防震减灾工作的各个环节，开展风险研判、风险评估、风险防控等工作。要抓住地震安全隐患这个“牛鼻子”，既要调查重大地震易发多发区段，也要排查地震灾害易损易毁建筑设施，还要搞清楚地震次生灾害链上的危险分布，并及早采取措施消除或化解这些地震安全隐患。

强化基层综合防震减灾。市县地震管理部门和群测群防体系等基层防震减灾工作人员是面向社会最直接、最有效、最前沿的力量，很多防震减灾的具体工作需要他们去落实，虽然改革后市县地震工作管理部门基本不再单独设立，但是基层防震减灾工作不能减弱，并且需要持续加强。地震系统要借助应急管理体系的行政优势，强化地震安全的社会综合治理，将防震减灾工作继续向基层延伸，切实全面提升全社会抵御地震灾害的综合防范能力。

 1.3 提高地震灾害防治能力

加强自然灾害防治关系国计民生，是对我们党执政能力的重大考验。提高自然灾害防治能力，是中央财经委员会第三次会议上党中央做出的决策部署，必须不折不扣地贯彻落实。应急管理部作为指导自然灾害应对的政府部门，责无旁贷地要求各相关行业提高自然灾害的防治能力，地震系统必然要肩负起提高地震灾害防治能力的政治责任。

我国对于地震灾害的防治可以分为工程性措施和非工程性措施两个方面，就国家层面而言，所采取的工程性措施主要包括：一是编制规划科学选址，按照防震减灾法的要求，编制防震减灾规划，地震灾区编制地震灾后恢复重建规划，在发展建设、重大工程选址等方面，依据规划进行科学合理布局；二是避让地震活动断层，开展地震活断层探察和危险性评估，探明活动断层的分布、几何特征和活动性质，建设工程有针对性地采取避让措施，无法实现避让的采取工程技术手段抵御地震活断层的危害；三是严格执行建设工程抗震设防要求，一般建设工程按照国家强制性标准 GB 18306—2015《中国地震动参数区划图》所确定的抗震设防要求进行抗震设防，过去农村和不设防的地区均要求进行抗震设防，学校、医院等人员密集场所需依照此标准提高一档进行抗震设防，重大建设工程和可能发生严重次生灾害的建设工程，应当按照经审定的地震安全性评价报告所确定的抗震设防要求进行抗震设防；四是实施地震易发区房屋设施加固工程，确定地震易发多发区和地震危险区，结合地震重点监视防御区，调查和鉴定各类房屋的抗震性能，按照轻重缓解逐批进行加固或者拆除重建；五是建设国家地震烈度速报与预警工程，在我国主要的地震活动区带，实现秒级地震预警和分钟量级的地震烈度速报能力，为政府应急决策、重要设施制动、公众紧急避险等服务；六是建设地震应急避难场所，在城市发展建设或城区改造中，按照有关

的标准和规划，合理安排、规范建设地震应急避难场所，为灾后应急和临时安置发挥作用。

国家层面的地震灾害防治的非工程性措施主要包括：深入学习贯彻习近平总书记防灾减灾救灾重要论述，把党中央、国务院关于提高自然灾害防治能力的决策部署落到实处；完善法律法规、政策制度、标准规范，形成完整的规制体系；建立健全应急管理体制下的防震减灾工作体系，重点拓展市县和群测群防群救的基层防震减灾工作系统和能力；编制地震应急预案并开展演练，提高地震预案的实操性；广泛开展防震减灾科普宣传教育，发挥好科学普及作为防震减灾工作的重要基础环节的作用，提高全社会对地震灾害的防治能力。

提高地震灾害防治能力，需要了解的知识多，需要开展的工作也多，需要掌握的技能更多。笔者根据自己的工作经验和体会，以知晓国家防震减灾对策、落实社会防震减灾措施和提高个人防震减灾能力为题分别从宏观、中观和微观三个层面，围绕提高地震灾害防治能力，进行了阐述，以期为做好市县基层防震减灾工作提供借鉴与参考，为切实提升全社会防御地震灾害的能力做出贡献。

2 知晓国家防震减灾对策

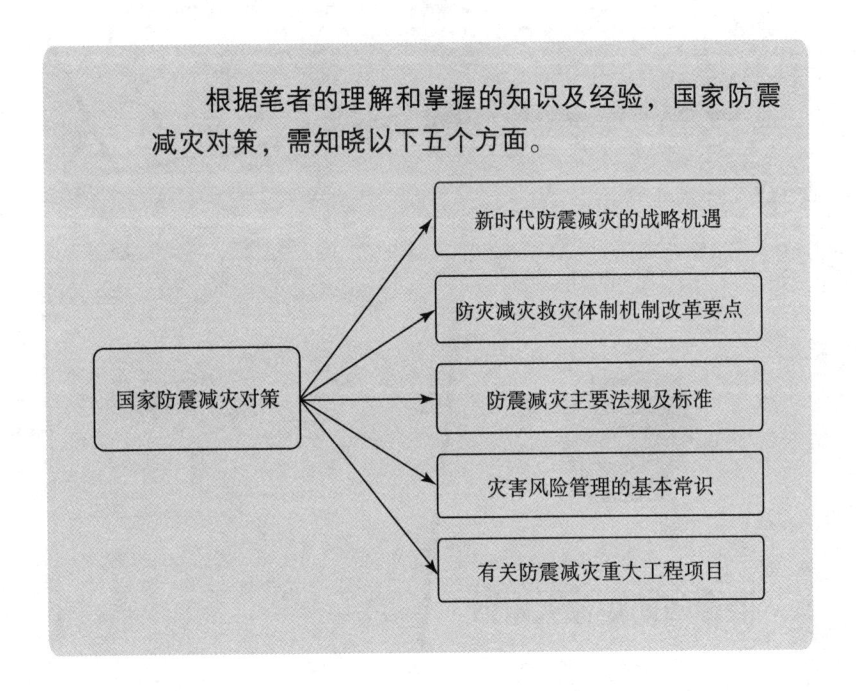

根据笔者的理解和掌握的知识及经验，国家防震减灾对策，需知晓以下五个方面。

海南省防震减灾条例

海南省人大常委会法制工作委员会
海　南　省　地　震　局　编

海南省防震减灾条例

（1998年9月24日海南省第二届人民代表大会常务委员会第三次会议通过　根据2007年3月30日海南省第三届人民代表大会常务委员会第二十九次会议《关于修改〈海南省防震减灾条例〉的决定》修正）

第一章　总　则

第一条　为了防御和减轻地震、火山灾害，保护人民生命和财产安全，保障经济建设和社会发展，根据《中华人民共和国防震减灾法》和其他有关法律、法规的规定，结合本省实际，制定本条例。

第二条　在本省行政区域内从事地震、火山监测预报、灾害预防、应急救援、恢复重建等防震减灾活动，适用本条例。

1

2.1 新时代防震减灾的战略机遇

党的十八大以来，党中央、国务院对2013年四川芦山地震、2014年云南鲁甸地震、2015年新疆皮山地震、2016年唐山抗震救灾四十周年、2017年四川九寨沟地震等高度重视，将防震减灾融入以人民为中心的发展理念，为防震减灾事业发展指明了方向和目标，新时代的防震减灾工作步入史无前例的战略机遇，主要包括战略定位与重要性、顶层设计和方法论、项目投入及保障力三个方面。

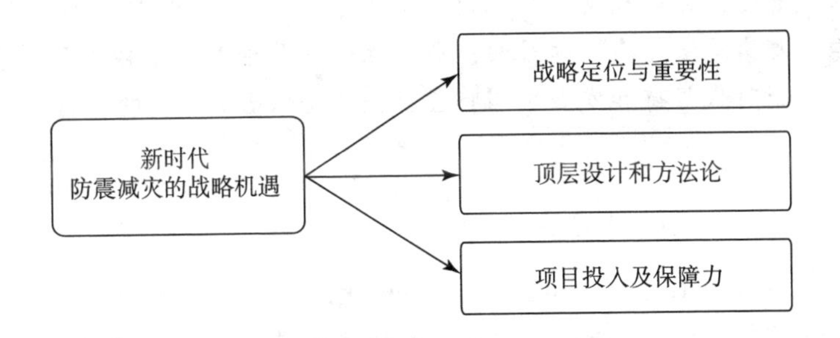

1）战略定位与重要性

党的十九大报告指出，我国社会主要矛盾已经转化为人民日益增长的美好生活需要和不平衡不充分的发展之间的矛盾。人民的美好生活需要日益广泛，不仅对物质文化生活提出了更高要求，而且在民主、法治、公平、正义、安全、环境等方面的要求日益增长。保障和改善民生要抓住人民最关心最直接最现实的利益问题。使人民获得感、幸福感、安全感更加充实、更有保障、更可持续。

2018年10月召开的中央财经委员会第三次会议指出，我国自然灾害防治能力总体还比较弱，提高自然灾害防治能力，是实现“两个一百年”奋斗目标、实现中华民族伟大复兴中国梦的必然要求，是关系人民群众生命财产安全和国家安全的大事，也是对我们党执政能力的重大考验，必须抓紧抓实。

安全问题已成为新时代我国社会主要矛盾的表现方面之一，能否提高人民群众的获得感、幸福感和安全感成为衡量改革发展成败得失的基本指标。防灾减灾救灾属于民生领域的安全范畴，成效如何是对我党执政能力和实现中华民族伟大复兴的重要考量，提高自然灾害防治能力已经上升为全党意志和国家战略，并需要长期坚持。地震灾害是群灾之首，直接危害人民生命财产安全和社会稳定，以习近平同志为核心的党中央给予了前所未有的高度重视，防震减灾工作的战略地位，从“不是中心影响中心、不是大局牵动大局”的层面，历史性地提升进入了“以人民为中心”新时代坚持和发展中国特色社会主义的基本方略的范畴。

2）顶层设计和方法论

2016 年 10 月召开的中央全面深化改革领导小组第二十八次会议指出，推进防灾减灾救灾体制机制改革，必须牢固树立灾害风险管理和综合减灾理念，坚持以防为主、防抗救相结合，坚持常态减灾和非常态救灾相统一，努力实现从注重灾后救助向注重灾前预防转变，从减少灾害损失向减轻灾害风险转变，从应对单一灾种向综合减灾转变。要强化灾害风险防范措施，加强灾害风险隐患排查和治理，健全统筹协调体制，落实责任、完善体系、整合资源、统筹力量，全面提高国家综合防灾减灾救灾能力。

2018 年 10 月召开的中央财经委员会第三次会议指出，提高自然灾害防治能力，要全面贯彻习近平新时代中国特色社会主义思想和党的十九大精神，牢固树立“四个意识”，紧紧围绕统筹推进“五位一体”总体布局和协调推进“四个全面”战略布局，坚持以人民为中心的发展思想，坚持以防为主、防抗救相结合，坚持常态救灾和非常态救灾相统一，强化综合减灾、统筹抵御各种自然灾害。要坚持党的领导，形成各方齐抓共管、协同配合的自然灾害防治格局；坚持以人为本，切实保护人民群众生命财产安全；坚持生态优先，建立人与自然和谐相处的关系；坚持预防为主，努力把自然灾害风险和损失降至最低；坚持改革创新，推进自然灾害防治体系和防治能力现代化；坚持国际合作，协力推动自然灾害防治。

以习近平同志关于防灾减灾救灾重要论述为指引，通过防灾减灾救灾体制机制改革，将“两个坚持、三个转变”作为防灾减灾救灾工作方针，从而形成防震减灾工作顶层设计的指导纲领。从灾害风险管理的科学方法出发，把灾前预防作为工作重点，将综合施策作为主要途径，既要预防难以预料的灾害风险，也要化解显而易见的灾害隐患。通过落实责任、齐抓共管、统筹力量，实施工程性和非工程性防御措施，加强灾害风险隐患的排查和源头治理，着力补齐短板，进而全面提高综合防灾能力。因地震尚难以预测，且人员伤亡巨大，对于重大地震灾害风险的防范与化解，就方法论而言，更需要将工作重心放在预防和防御上，从建设工程规划选址和抗灾能力两个源头上解决问题。

3）项目投入及保障力

2016 年国务院印发《“十三五”脱贫攻坚规划》中，确定的脱贫目标为，到 2020 年，稳定实现现行标准下农村贫困人口不愁吃、不愁穿，义务教育、基本医疗和住房安全有保障（以下称“两不愁、三保障”）。贫困地区农民人均可支配收入比 2010 年翻一番以上，增长幅度高于全国平均水平，基本公共服务主要领域指标接近全国平均水平。确保我国现行标准下农村贫困人口实现脱贫，贫困县全部摘帽，解决区域性整体贫困。

2018 年 10 月召开的中央财经委员会第三次会议指出，要针对关键领域和薄弱环节，推动建设若干重点工程。要实施灾害风险调查和重点隐患排查工程，掌握风险隐患底数；实施重点生态功能区生态修复工程，恢复森林、草原、河湖、湿地、荒漠、海洋生态系统功能；实施海岸带保护修复工程，建设生态海堤，提升抵御台风、风暴潮等海洋灾害能力；实施地震易发区房屋设施加固工程，提高抗震防灾能力；实施防汛抗旱水利提升工程，完善防洪抗旱工程体系；实施地质灾害综合治理和避险移民搬迁工程，落实好“十三五”地质灾害避险搬迁任务；实施应急救援中心建设工程，建设若干区域性应急救援中心；实施自然灾害监测预警信息化工程，提高多灾种和灾害链综合监测、风险早期识别和预报预警能力；实施自然灾害防治技术装备现代化工程，加大关键技术攻关力度，提高我国救援队伍专业化技术装备水平。

2018 年中办国办印发《地方党政领导干部安全生产责任制规定》，实行地方党政领导干部安全生产责任制，应当坚持党政同责、一岗双责、齐抓共管、失职追责，坚持管行业必须管安全、管业务必须管安全、管生产经营必须管安全。地方各级党委和政府主要负责人是本地区安全生产第一责任人，班子其他成员对分管范围内的安全生产工作负领导责任。

人民安全是国家安全的宗旨，公共安全是最基本的民生需求，住房安全列为脱贫攻坚的标准。从数十亿元的科技部“重大自然灾害监测预警与防范”重点专项，到国家推出投入上万亿的自然灾害防治“九大工程”，近年来政府显著加大对自然灾害防范的项目投入，力度之大规模空前，对于在列其中的地震灾害防范防治必然具有重大机遇。地震等自然灾害防治中，不同程度地存在安全责任落实等问题，执行领导干部安全生产责任制规定，将强化各级党政部门和有关单位落实防震减灾的责任，强化主要领导干部的预防意识、能力提升和责任担当，做到党政同责、一岗双责、守土有责、守土尽责、失职追责，从而形成减轻地震灾害风险的重要保障力。

2.2 防灾减灾救灾体制机制改革要点

2016年中共中央、国务院颁布《关于推进防灾减灾救灾体制机制改革的意见》。

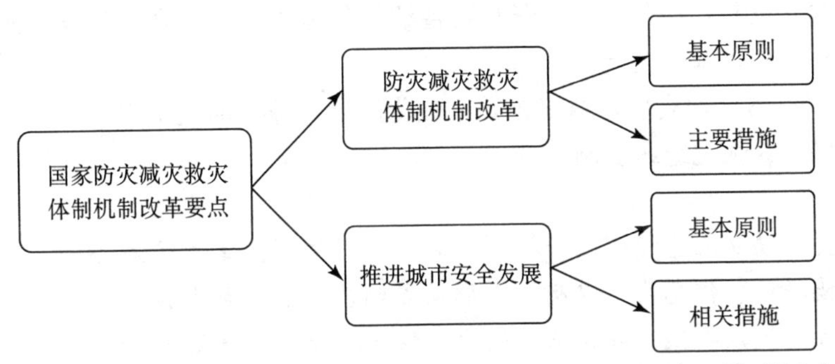

2018年中共中央办公厅、国务院办公厅印发《关于推进城市安全发展的意见》。

1）防灾减灾救灾体制机制改革的基本原则

（1）坚持以人为本，切实保障人民群众生命财产安全。

（2）坚持以防为主、防抗救相结合。

（3）坚持综合减灾，统筹抵御各种自然灾害。

（4）坚持分级负责、属地管理为主。

（5）坚持党委领导、政府主导、社会力量和市场机制广泛参与。

强调将灾害预防作为重心，统筹协调各类资源和多种手段措施进行科学减灾；明确应急救灾各级党委和政府分级负责，强化地方的主体责任，广泛调动全社会各方力量。

2）防灾减灾救灾体制机制改革的主要措施

（1）健全统筹协调体制。统筹灾害管理；统筹综合减灾。

（2）健全属地管理体制。强化地方应急救灾主体责任；健全灾后恢复重建工作制度；完善军地协调联动制度。

（3）完善社会力量和市场参与机制。健全社会力量参与机制；充分发挥市场机制作用。

（4）全面提升综合减灾能力。强化灾害风险防范；完善信息共享机制；提升救灾物资和装备统筹保障能力；提高科技支撑水平；深化国际交流合作。

（5）切实加强组织领导。强化法治保障；加大防灾减灾救灾投入；强化组织实施。

设立应急管理政府机构，健全管理体制；完善统筹协调、军地联动、信息共享以及社会调动等制度机制；加大投入，全面提升防灾减灾救灾综合基础能力，强化法治、组织及物资保障。

3）推进城市安全发展的基本原则

（1）坚持生命至上、安全第一。

（2）坚持立足长效、依法治理。

（3）坚持系统建设、过程管控。

（4）坚持统筹推动、综合施策。

落实地方各级党委和政府领导、部门监管及企业直接的主体责任；强化城市安全防范的法规、标准和制度体系建设；在规划、设计、建设、运行等各个环节实行安全管理，充分运用科技、信息化、社会调动等综合手段，加快推进安全风险管控、隐患排查治理体系和机制建设。

4）推进城市安全发展的相关措施

在《关于推进城市安全发展的意见》中，自然灾害防治有关的措施如下：

（1）加强城市安全源头治理。制定城市综合防灾减灾专项规划；完善城市相关工程设施的安全技术标准；加强城市生命线基础设施防灾建设与安全监管。

（2）健全城市安全防控机制。进行城市安全风险辨识与评估，深化灾害隐患排查与治理，加强地震风险普查及防控，强化城市活动断层探测；通过信息共享机制、预案健全完善、应急演练、安全培训、物资储备、救援设施、避难场所等措施或建设，提升应急管理和防灾减灾救灾能力。

（3）提升城市安全监管效能。落实安全生产责任制；推进实施联合执法，完善安全监管体制；运用电子科技、教育培训等手段，增强监管执法能力；通过责任考核、信息公开等，严格执法程序、规范监管执法。

（4）强化城市安全保障能力。健全城市社区安全网格化社会服务工作体系；加强信息化和智能化等科技创新应用，实现安全自动化监测和防控的系统管理；大力推广普及安全常识教育，增强社会公众对应急预案的认知、协同能力及自救互救技能；强化组织领导、协调联动和示范引领。

注重从体系规制、基础设施、风险隐患、监管手段和社会管理等源头性问题的解决上推进城市安全发展；强调充分运用法治、宣教和现代电子信息智能科技等力量解决城市安全监控和安全保障问题。

2.3 防震减灾主要法规及标准

本节主要针对市县防震减灾工作人员，摘编介绍市县防震减灾和群测群防群救工作直接相关的内容、梳理市县防震减灾工作的法定职责。

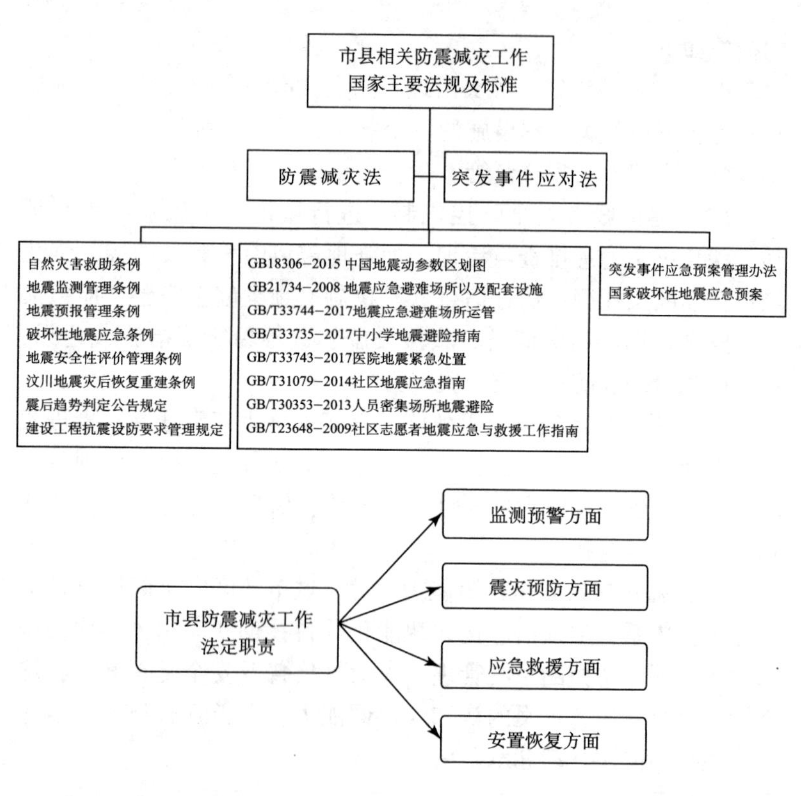
市县相关防震减灾工作
国家主要法规及标准
防震减灾法
突发事件应对法
自然灾害救助条例
地震监测管理条例
地震预报管理条例
破坏性地震应急条例
地震安全性评价管理条例
汶川地震灾后恢复重建条例
震后趋势判定公告规定
建设工程抗震设防要求管理规定
GB18306-2015 中国地震动参数区划图
GB21734-2008 地震应急避难场所以及配套设施
GB/T33744-2017地震应急避难场所运管
GB/T33735-2017中小学地震避险指南
GB/T33743-2017医院地震紧急处置
GB/T31079-2014社区地震应急指南
GB/T30353-2013人员密集场所地震避险
GB/T23648-2009社区志愿者地震应急与救援工作指南
突发事件应急预案管理办法
国家破坏性地震应急预案
市县防震减灾工作
法定职责
监测预警方面
震灾预防方面
应急救援方面
安置恢复方面

1）监测预警方面

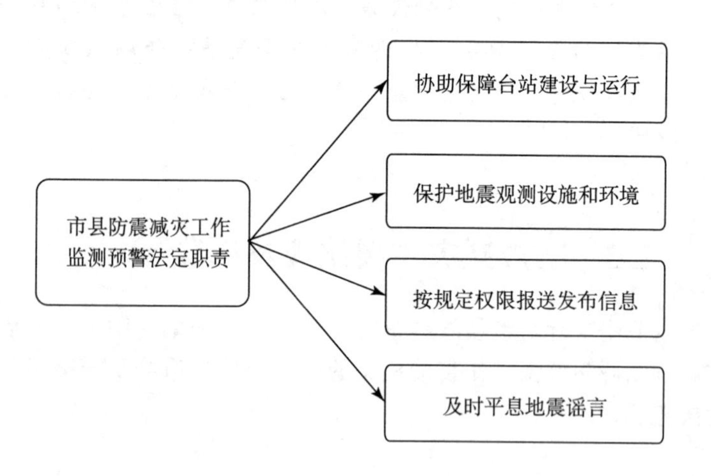
市县防震减灾工作
监测预警法定职责
协助保障台站建设与运行
保护地震观测设施和环境
按规定权限报送发布信息
及时平息地震谣言

县级以上地方人民政府应当组织相关单位为地震监测台网的运行提供通信、交通、电力等保障条件。

国家依法保护地震监测设施和地震观测环境。任何单位和个人不得侵占、毁损、拆除或者擅自移动地震监测设施。地震监测设施遭到破坏的，县级以上地方人民政府负责管理地震工作的部门或者机构应当采取紧急措施组织修复，确保地震监测设施正常运行。任何单位和个人不得危害地震观测环境。国务院地震工作主管部门和县级以上地方人民政府负责管理地震工作的部门或者机构会同同级有关部门，按照国务院有关规定划定地震观测环境保护范围，并纳入土地利用总体规划和城乡规划。

新建、扩建、改建建设工程，应当避免对地震监测设施和地震观测环境造成危害。建设国家重点工程，确实无法避免对地震监测设施和地震观测环境造成危害的，建设单位应当按照县级以上地方人民政府负责管理地震工作的部门或者机构的要求，增建抗干扰设施；不能增建抗干扰设施的，应当新建地震监测设施。对地震观测环境保护范围内的建设工程项目，城乡规划主管部门在依法核发选址意见书时，应当征求负责管理地震工作的部门或者机构的意见；不需要核发选址意见书的，城乡规划主管部门在依法核发建设用地规划许可证或者乡村建设规划许可证时，应当征求负责管理地震工作的部门或者机构的意见。

县级以上地方人民政府负责管理地震工作的部门或者机构，应当将地震监测信息及时报送上一级人民政府负责管理地震工作的部门或者机构。

地震重点监视防御区的县级以上地方人民政府应当根据年度防震减灾工作意见和当地的地震活动趋势，组织有关部门加强防震减灾工作。地震重点监视防御区的县级以上地方人民政府负责管理地震工作的部门或者机构，应当增加地震监测台网密度，组织做好震情跟踪、流动观测和可能与地震有关的异常现象观测以及群测群防工作，并及时将有关情况报上一级人民政府负责管理地震工作的部门或者机构。

[**《中华人民共和国防震减灾法》，第三章第21、23、24、25、30条**]

县级以上地方各级人民政府应当建立或者确定本地区统一的突发事件信息系统，汇集、储存、分析、传输有关突发事件的信息，并与上级人民政府及其有关部门、下级人民政府及其有关部门、专业机构和监测网点的突发事件信息系统实现互联互通，加强跨部门、跨地区的信息交流与情报合作。

县级以上人民政府有关主管部门应当向本级人民政府相关部门通报突发事件信息。专业机构、监测网点和信息报告员应当及时向所在地人民政府及其有关主管部门报告突发事件信息。有关单位和人员报送、报告突发事件信息，应当做到及时、客观、真实，不得迟报、谎报、瞒报、漏报。

县级以上地方各级人民政府应当及时汇总分析突发事件隐患和预警信息，必要时组织相关部门、专业技术人员、专家学者进行会商，对发生突发事件的可能性及其可能造成的影响进行评估；认为可能发生重大或者特别重大突发事件的，应当立即向上级人民政府报告，并向上级人民政府有关部门、当地驻军和可能受到危害的毗邻或者相关地区的人民政府通报。

[**《中华人民共和国突发事件应对法》，第三章第37、39、40条**]

县级以上地方人民政府负责管理地震工作的部门或者机构，应当将本行政区域内的地震监测设施的分布地点及其保护范围，报告当地人民政府，并通报同级公安机关和国土资源、城乡规划、测绘等部门。

[**《地震监测管理条例》，第四章第30条**]

已经发布地震短期预报的地区，如果发现明显临震异常，在紧急情况下，当地市、县人民政府可以发布48小时之内的临震预报，并同时向省、自治区、直辖市人民政府及其负责管理地震工作的机构和国务院地震工作主管部门报告。

发生地震谣言，扰乱社会正常秩序时，国务院地震工作主管部门和县级以上地方人民政府负责管理地震工作的机构应当采取措施，迅速予以澄清，其他有关部门应当给予配合、协助。

［**《地震预报管理条例》，第四章第15、17条**］

对社会产生影响的地震事件发生后，有关县级以上地方人民政府负责管理地震工作的机构应当组织召开震情会商会，对本辖区近期内地震活动形势进行综合分析研究，形成震后地震趋势判定意见。市、县人民政府负责管理地震工作的机构形成的震后地震趋势判定意见，应当向省、自治区、直辖市人民政府负责管理地震工作的机构报告。

在人口稠密、经济发达地区发生的普遍有感地震的震后地震趋势判定和破坏性地震的震后地震趋势判定，由有关县级以上地方人民政府负责管理地震工作的机构向本级人民政府报告，并可以适时向社会公告。

［**《震后地震趋势判定公告规定》，第4、5条**］

市县防震减灾工作监测预警主要职责有：为地震监测台网建设和运行提供协助与保障；保护地震监测设施和地震观测环境；按照规定和权限会商、报送、发布监测预警和震情事件的有关信息；及时平息地震谣言。涉及地震重点监视防御区的，应加强监测工作、做好震情跟踪。

2）震灾预防方面

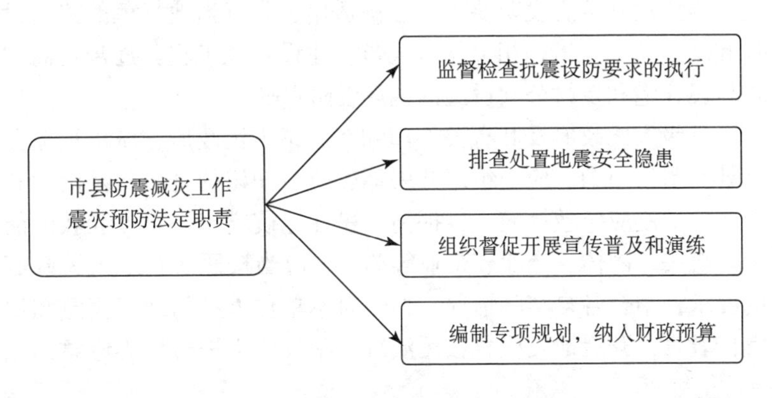

县级以上人民政府应当加强对防震减灾工作的领导，将防震减灾工作纳入本级国民经济和社会发展规划，所需经费列入财政预算。

各级人民政府应当组织开展防震减灾知识的宣传教育，增强公民的防震减灾意识，提高全社会的防震减灾能力。

任何单位和个人都有依法参加防震减灾活动的义务。

县级以上地方人民政府负责管理地震工作的部门或者机构会同同级有关部门，根据上一级防震减灾规划和本行政区域的实际情况，组织编制本行政区域的防震减灾规划，报本级人民政府批准后组织实施，并报上一级人民政府负责管理地震工作的部门或者机构备案。

建设单位对建设工程的抗震设计、施工的全过程负责。设计单位应当按照抗震设防要求和工程建设强制性标准进行抗震设计，并对抗震设计的质量以及出具的施工图设计文件的准确性负责。施工单位应当按照施工图设计文件和工程建设强制性标准进行施工，并对施工质量负责。建设单位、施工单位应当选用符合施工图设计文件和国家有关标准规定的材料、构配件和设备。工程监理单位应当按照施工图设计文件和工程建设强制性标准实施监理，并对施工质量承担监理责任。

县级以上地方人民政府应当加强对农村村民住宅和乡村公共设施抗震设防的管理，组织开展农村实用抗震技术的研究和开发，推广达到抗震设防要求、经济适用、具有当地特色的建筑设计和施工技术，培训相关技术人员，建设示范工程，逐步提高农村村民住宅和乡村公共设施的抗震设防水平。

县级人民政府及其有关部门和乡、镇人民政府、城市街道办事处等基层组织，应当组织开展地震应急知识的宣传普及活动和必要的地震应急救援演练，提高公民在地震灾害中自救互救的能力。机关、团体、企业、事业等单位，应当按照所在地人民政府的要求，结合各自实际情况，加强对本单位人员的地震应急知识宣传教育，开展地震应急救援演练。学校应当进行地震应急知识教育，组织开展必要的地震应急救援演练，培养学生的安全意识和自救互救能力。新闻媒体应当开展地震灾害预防和应急、自救互救知识的公益宣传。国务院地震工作主管部门和县级以上地方人民政府负责管理地震工作的部门或者机构，应当指导、协助、督促有关单位做好防震减灾知识的宣传教育和地震应急救援演练等工作。

县级以上人民政府建设、交通、铁路、水利、电力、地震等有关部门应当按照职责分工，加强对工程建设强制性标准、抗震设防要求执行情况和地震安全性评价工作的监督检查。

［**《中华人民共和国防震减灾法》，第一章第 4、7、8 条；第二章第 12 条；第四章第 38、40、44 条；第七章第 76 条**］

县级人民政府应当对本行政区域内容易引发自然灾害、事故灾难和公共卫生事件的危险源、危险区域进行调查、登记、风险评估，定期进行检查、监控，并责令有关单位采取安全防范措施。省级和设区的市级人民政府应当对本行政区域内容易引发特别重大、重大突发事件的危险源、危险区域进行调查、登记、风险评估，组织进行检查、监控，并责令有关单位采取安全防范措施。县级以上地方各级人民政府按照本法规定登记的危险源、危险区域，应当按照国家规定及时向社会公布。

县级以上人民政府应当建立健全突发事件应急管理培训制度，对人民政府及其有关部门负有处置突发事件职责的工作人员定期进行培训。

县级人民政府及其有关部门、乡级人民政府、街道办事处应当组织开展应急知识的宣传普及活动和必要的应急演练。居民委员会、村民委员会、企业事业单位应当根据所在地人民政府的要求，结合各自的实际情况，开展有关突发事件应急知识的宣传普及活动和必要的应急演练。新闻媒体应当无偿开展突发事件预防与应急、自救与互救知识的公益宣传。

各级各类学校应当把应急知识教育纳入教学内容，对学生进行应急知识教育，培养学生的安全意识和自救与互救能力。教育主管部门应当对学校开展应急知识教育进行指导和监督。

[**《中华人民共和国突发事件应对法》，第二章第 20、25、29、30 条**]

各级人民政府应当加强防灾减灾宣传教育，提高公民的防灾避险意识和自救互救能力。村民委员会、居民委员会、企业事业单位应当根据所在地人民政府的要求，结合各自的实际情况，开展防灾减灾应急知识的宣传普及活动。

[**《自然灾害救助条例》，第一章第 6 条**]

县级以上地方人民政府负责管理地震工作的部门或者机构，负责本行政区域内建设工程抗震设防要求的监督管理工作。

国务院地震工作主管部门和县级以上地方人民政府负责管理地震工作的部门或者机构，应当会同同级政府有关行业主管部门，加强对建设工程抗震设防要求使用的监督检查，确保建设工程按照抗震设防要求进行抗震设防。

国务院地震工作主管部门和县级以上地方人民政府负责管理地震工作的部门或者机构，应当按照地震动参数区划图规定的抗震设防要求，加强对村镇房屋建设抗震设防的指导，逐步增强村镇房屋抗御地震破坏的能力。

国务院地震工作主管部门和县级以上地方人民政府负责管理地震工作的部门或者机构，应当加强对建设工程抗震设防的宣传教育，提高社会的防震减灾意识，增强社会防御地震灾害的能力。

[**《建设工程抗震设防要求管理规定》，第 3、14、15、16 条**]

市县防震减灾工作震灾预防方面的主要职责有：加强建设工程抗震设防要求执行的监督检查与管理，排查、登记、处置地震安全隐患，提高农村建筑抗震设防水平；组织、指导、督促社会基层开展防震减灾知识宣传、普及教育和应急演练等工作，将应急知识教育培训进入学校、机关、企业等单位；编制防震减灾规划或者防灾减灾规划，并纳入当地发展规划，经费需求列入财政预算。

3）应急救援方面

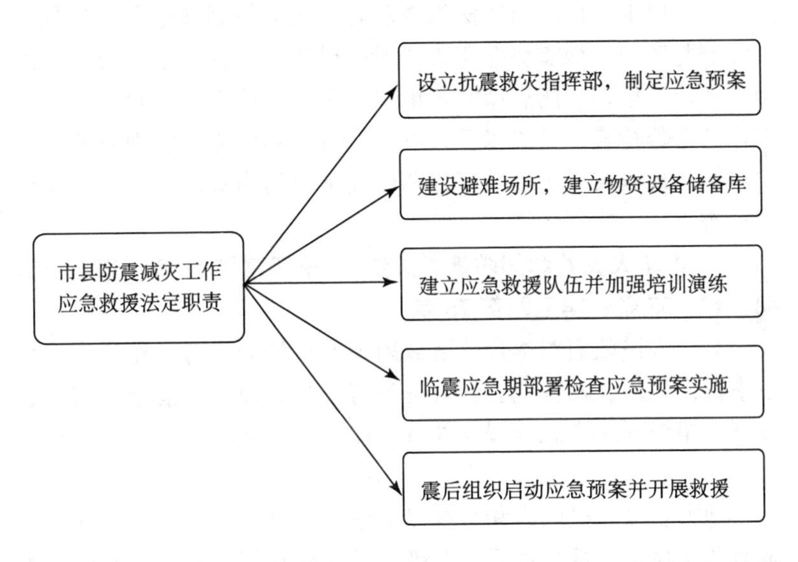

城乡规划应当根据地震应急避难的需要，合理确定应急疏散通道和应急避难场所，统筹安排地震应急避难所必需的交通、供水、供电、排污等基础设施建设。

县级以上地方人民政府及其有关部门和乡、镇人民政府，应当根据有关法律、法规、规章、上级人民政府及其有关部门的地震应急预案和本行政区域的实际情况，制定本行政区域的地震应急预案和本部门的地震应急预案。交通、铁路、水利、电力、通信等基础设施和学校、医院等人员密集场所的经营管理单位，以及可能发生次生灾害的核电、矿山、危险物品等生产经营单位，应当制定地震应急预案，并报所在地的县级人民政府负责管理地震工作的部门或者机构备案。

一般或者较大地震灾害发生后，地震发生地的市、县人民政府负责组织有关部门启动地震应急预案。

县级以上人民政府有关部门应当按照职责分工，协调配合，采取有效措施，保障地震灾害紧急救援队伍和医疗救治队伍快速、高效地开展地震灾害紧急救援活动。

县级以上人民政府依法加强对防震减灾规划和地震应急预案的编制与实施、地震应急避难场所的设置与管理、地震灾害紧急救援队伍的培训、防震减灾知识宣传教育和地震应急救援演练等工作的监督检查。县级以上人民政府有关部门应当加强对地震应急救援、地震灾后过渡性安置和恢复重建的物资的质量安全的监督检查。

［**《中华人民共和国防震减灾法》，第四章第41条；第五章第46、49、55条；第七章第75条**］

县级人民政府对本行政区域内突发事件的应对工作负责。突发事件发生后，发生地县级人民政府应当立即采取措施控制事态发展，组织开展应急救援和处置工作，并立即向上一级人民政府报告，必要时可以越级上报。

地方各级人民政府和县级以上地方各级人民政府有关部门根据有关法律、法规、规章、上级人民政府及其有关部门的应急预案以及本地区的实际情况，制定相应的突发事件应急预案。

城乡规划应当符合预防、处置突发事件的需要，统筹安排应对突发事件所必需的设备和基础设施建设，合理确定应急避难场所。

县级以上人民政府应当整合应急资源，建立或者确定综合性应急救援队伍。人民政府有关部门可以根据实际需要设立专业应急救援队伍。县级以上人民政府及其有关部门可以建立由成年志愿者组成的应急救援队伍。单位应当建立由本单位职工组成的专职或者兼职应急救援队伍。县级以上人民政府应当加强专业应急救援队伍与非专业应急救援队伍的合作，联合培训、联合演练，提高合成应急、协同应急的能力。

设区的市级以上人民政府和突发事件易发、多发地区的县级人民政府应当建立应急救援物资、生活必需品和应急处置装备的储备制度。县级以上地方各级人民政府应当根据本地区的实际情况，与有关企业签订协议，保障应急救援物资、生活必需品和应急处置装备的生产、供给。

突发事件发生地的居民委员会、村民委员会和其他组织应当按照当地人民政府的决定、命令，进行宣传动员，组织群众开展自救和互救，协助维护社会秩序。

受到自然灾害危害或者发生事故灾难、公共卫生事件的单位，应当立即组织本单位应急救援队伍和工作人员营救受害人员，疏散、撤离、安置受到威胁的人员，控制危险源，标明危险区域，封锁危险场所，并采取其他防止危害扩大的必要措施，同时向所在地县级人民政府报告。突发事件发生地的其他单位应当服从人民政府发布的决定、命令，配合人民政府采取的应急处置措施，做好本单位的应急救援工作，并积极组织人员参加所在地的应急救援和处置工作。

［**《中华人民共和国突发事件应对法》，第一章第 7 条；第二章第 17、19、26、32 条；第四章第 55、56 条**］

县级以上地方人民政府防震减灾工作主管部门指导和监督本行政区域内地震应急工作。破坏性地震发生后，有关县级以上地方人民政府应当设立抗震救灾指挥部，对本行政区域内的地震应急工作实行集中领导，其办事机构设在本级人民政府防震减灾工作主管部门或者本级人民政府指定的其他部门；国务院另有规定的，从其规定。

根据地震灾害预测，可能发生破坏性地震地区的县级以上地方人民政府防震减灾工作主管部门应当会同同级有关部门以及有关单位，参照国家破坏性地震应急预案，制定本行政区域内的破坏性地震应急预案，报本级人民政府批准；省、自治区和人口在 100 万以上的城市的破坏性地震应急预案，还应当报国务院防震减灾工作主管部门备案。

在临震应急期，有关地方人民政府应当根据震情，统一部署破坏性地震应急预案的实施工作，并对临震应急活动中发生的争议采取紧急处置措施。

在临震应急期，各级防震减灾工作主管部门应当协助本级人民政府对实施破坏性地震应急预案工作进行检查。

破坏性地震发生后，抗震救灾指挥部应当及时组织实施破坏性地震应急预案，及时将震情、灾情及其发展趋势等信息报告上一级人民政府。

［**《破坏性地震应急条例》，第二章第8条；第三章第11条；第四章第17、18条；第五章第23条**］

设区的市级以上人民政府和自然灾害多发、易发地区的县级人民政府应当根据自然灾害特点、居民人口数量和分布等情况，按照布局合理、规模适度的原则，设立自然灾害救助物资储备库。

县级以上地方人民政府应当根据当地居民人口数量和分布等情况，利用公园、广场、体育场馆等公共设施，统筹规划设立应急避难场所，并设置明显标志。启动自然灾害预警响应或者应急响应，需要告知居民前往应急避难场所的，县级以上地方人民政府或者人民政府的自然灾害救助应急综合协调机构应当通过广播、电视、手机短信、电子显示屏、互联网等方式，及时公告应急避难场所的具体地址和到达路径。

县级以上地方人民政府应当加强自然灾害救助人员的队伍建设和业务培训，村民委员会、居民委员会和企业事业单位应当设立专职或者兼职的自然灾害信息员。

［**《自然灾害救助条例》，第二章第10、11、12条**］

市县防震减灾工作应急救援方面的主要职责有：设立抗震救灾指挥部，制定地震应急预案，加强对应急救援工作的监督检查；按照国家技术标准合理规划、设立、建设应急避难场所，根据本地灾情特点建立应急救援救助物资及装备储备制度和储备库；建立应急救援队伍，并加强业务培训和演练；在临震应急期，部署和检查破坏性地震应急预案的实施工作；一般或较大地震发生后，组织启动和实施地震应急预案，按照职责分工快速、高效地开展地震灾害紧急救援，并采取有效措施提供保障条件。

4）安置恢复方面

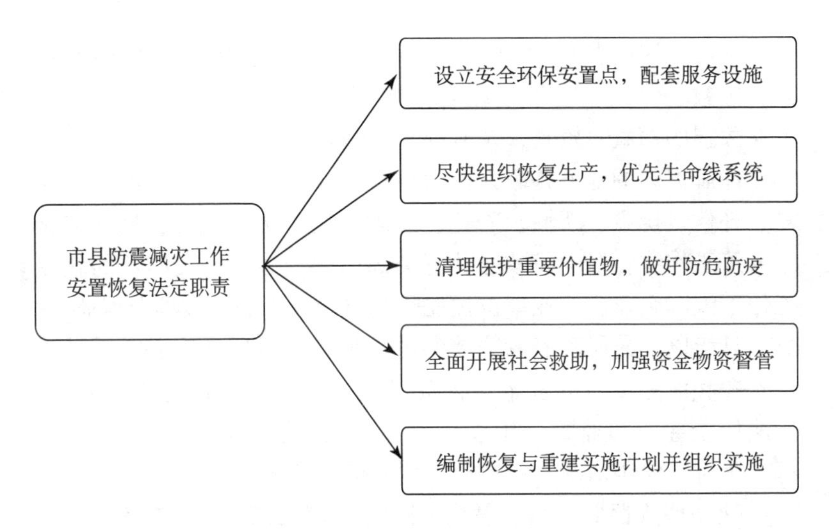

过渡性安置点所在地的县级人民政府，应当组织有关部门加强对次生灾害、饮用水水质、食品卫生、疫情等的监测，开展流行病学调查，整治环境卫生，避免对土壤、水环境等造成污染。过渡性安置点所在地的公安机关，应当加强治安管理，依法打击各种违法犯罪行为，维护正常的社会秩序。

地震灾区的县级以上地方人民政府及其有关部门和乡、镇人民政府，应当及时组织修复毁损的农业生产设施，提供农业生产技术指导，尽快恢复农业生产；优先恢复供电、供水、供气等企业的生产，并对大型骨干企业恢复生产提供支持，为全面恢复农业、工业、服务业生产经营提供条件。

地震灾区的县级以上地方人民政府应当组织有关部门和专

家，根据地震灾害损失调查评估结果，制定清理保护方案，明确典型地震遗址、遗迹和文物保护单位以及具有历史价值与民族特色的建筑物、构筑物的保护范围和措施。对地震灾害现场的清理，按照清理保护方案分区、分类进行，并依照法律、行政法规和国家有关规定，妥善清理、转运和处置有关放射性物质、危险废物和有毒化学品，开展防疫工作，防止传染病和重大动物疫情的发生。

地震灾区的县级以上地方人民政府应当组织有关部门和单位，抢救、保护与收集整理有关档案、资料，对因地震灾害遗失、毁损的档案、资料，及时补充和恢复。

地震灾区的地方各级人民政府应当组织做好救助、救治、康复、补偿、抚慰、抚恤、安置、心理援助、法律服务、公共文化服务等工作。各级人民政府及有关部门应当做好受灾群众的就业工作，鼓励企业、事业单位优先吸纳符合条件的受灾群众就业。

县级以上人民政府有关部门对地震应急救援、地震灾后过渡性安置和恢复重建的资金、物资以及社会捐赠款物的使用情况，依法加强管理和监督，予以公布，并对资金、物资的筹集、分配、拨付、使用情况登记造册，建立健全档案。

［**《中华人民共和国防震减灾法》，第六章第62、63、69、71、73条；第七章第77条**］

突发事件应急处置工作结束后，履行统一领导职责的人民政府应当立即组织对突发事件造成的损失进行评估，组织受影响地区尽快恢复生产、生活、工作和社会秩序，制定恢复重建计划，并向上一级人民政府报告。受突发事件影响地区的人民政府应当及时组织和协调公安、交通、铁路、民航、邮电、建设等有关部门恢复社会治安秩序，尽快修复被损坏的交通、通信、供水、排水、供电、供气、供热等公共设施。

［**《中华人民共和国突发事件应对法》，第五章第59条**］

受灾地区人民政府应当在确保安全的前提下，采取就地安置与异地安置、政府安置与自行安置相结合的方式，对受灾人员进行过渡性安置。就地安置应当选择在交通便利、便于恢复生产和生活的地点，并避开可能发生次生自然灾害的区域，尽量不占用或者少占用耕地。受灾地区人民政府应当鼓励并组织受灾群众自救互救，恢复重建。

［**《自然灾害救助条例》，第四章第18条**］

过渡性安置地点应当选在交通条件便利、方便受灾群众恢复生产和生活的区域，并避开地震活动断层和可能发生洪灾、山体滑坡和崩塌、泥石流、地面塌陷、雷击等灾害的区域以及生产、储存易燃易爆危险品的工厂、仓库。实施过渡性安置应当占用废弃地、空旷地，尽量不占用或者少占用农田，并避免对自然保护区、饮用水水源保护区以及生态脆弱区域造成破坏。

过渡性安置地点应当配套建设水、电、道路等基础设施，并按比例配备学校、医疗点、集中供水点、公共卫生间、垃圾收集点、日常用品供应点、少数民族特需品供应点以及必要的文化宣传设施等配套公共服务设施，确保受灾群众的基本生活需要。过渡性安置地点的规模应当适度，并安装必要的防雷设施和预留必要的消防应急通道，配备相应的消防设施，防范火灾和雷击灾害发生。

地震灾区的市、县人民政府应当在省级人民政府的指导下，组织编制本行政区域的地震灾后恢复重建实施规划。

地震灾区的各级人民政府应当做好地震灾区的动物疫情防控工作。对清理出的动物尸体，应当采取消毒、销毁等无害化处理措施，防止重大动物疫情的发生。

［**《汶川地震灾后恢复重建条例》，第二章第8、11条；第四章第26条；第五章第41条**］

市县防震减灾工作过渡性安置与恢复重建方面的主要职责有：科学合理设立安全环保的灾后过渡性安置点，配套生活、安全、学习等公共服务设施；尽快组织恢复生产，优先恢复生命线系统运行；清理保护重要价值物，妥善处置危化品，防止发生疫情；全面组织开展社会救助，加强管理监督资金、物资的使用；编制恢复重建实施计划或规划，并组织实施。

2.4 灾害风险管理的基本常识

灾害风险管理，是通过采取行政化的各项应对措施，减轻由致灾因子带来的不利影响和可能发生灾害的系统过程，包括灾前风险管理、灾害应急管理和灾后风险管理三个阶段。

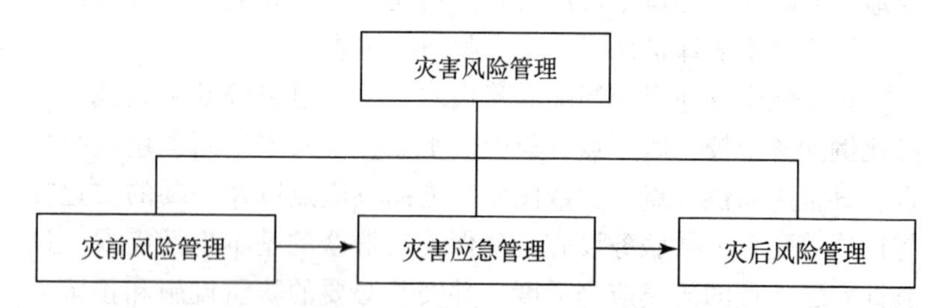

灾害风险管理是一种全过程的管理，其层次高于灾害应急管理。灾害风险管理是对可能发生的灾害及后果进行识别、估测、评价、控制和处理的主动行为，实现用最小成本获得最大安全保障的管理过程。灾害风险管理是应急管理的强大动力和重要基础，是一种更主动、更积极、更前沿的管理手段和方式，是一种具有基础性、超前性、综合性的工作，属于一种管理策略，侧重于预防为主、标本兼治，从根源上避免或减少灾难的发生。

灾害应急管理，是对即将出现或者已经出现的灾害采取的救援措施，主要包括紧急灾害期间的具体行动，灾害发生前的各种备灾措施，灾害发生后的救灾工作，以及避免或减少可能由于灾害与社会相互作用产生危害的减灾措施等。灾害应急管理则是一种行动策略，侧重于风险发展演变为突发事件后，在有限的时间、信息和不确定性压力下，迅速有效地做出决策、采取行动。

1）灾害风险管理的内容

灾害风险管理包括预防防备、响应处置和恢复重建三个环节的内容，这三个环节紧密相连、闭合循环，且在管理中有相互重叠的部分。

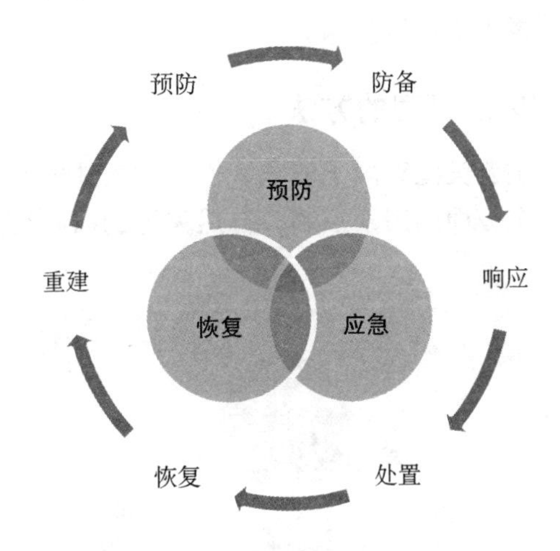

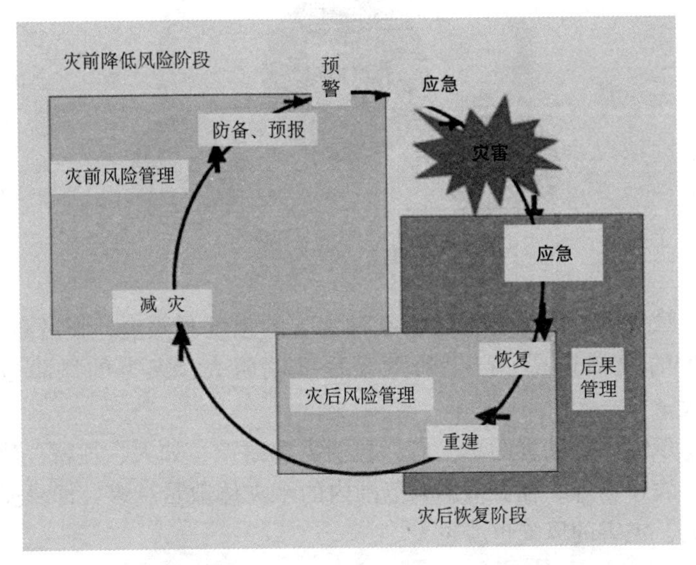

在灾前风险管理阶段或预防环节中，主要包括防灾措施、减灾防备、预报预警等内容。

在灾害应急管理阶段或应急环节中，主要包括灾害防备、应急响应、紧急救援等内容。

在灾后风险管理阶段或恢复环节中，主要包括过渡安置、清理恢复、重建发展等内容。

2）灾害风险管理的方法

自然灾害主要受致灾因子的危害性、承灾体的暴露量和承灾体的易损性三个方面的因素控制，自然灾害的风险程度与此三个因素乘积成正比。

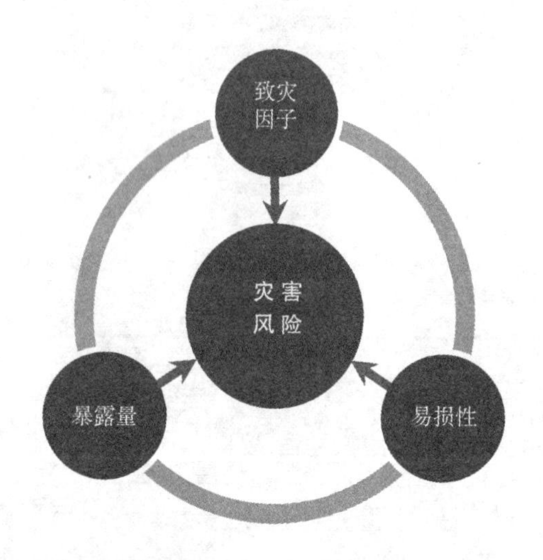

致灾因子的危害性是指某种灾害的强度和频度，强度越大、发生的频率越高，产生的危害程度就越大，灾害的风险也就越大。

承灾体是灾害的承受者，包括人和财产，如人、牲畜、建筑物、农作物等。在灾害影响范围内的承灾体数量越多，即暴露量越大，灾害的风险也就越大。

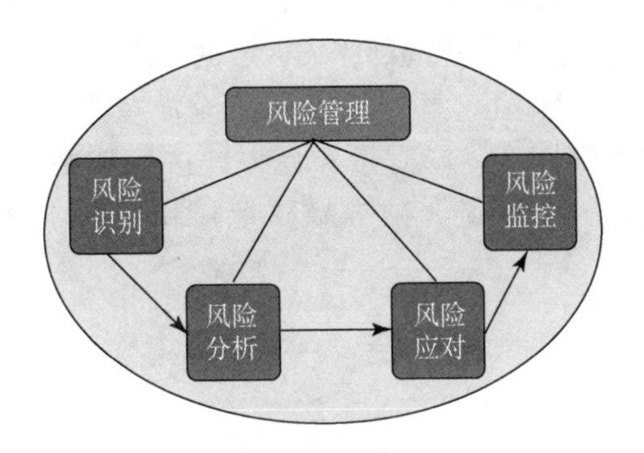

承灾体的易损性也称脆弱性，是指在灾害影响范围内，承灾体受到潜在危险时的损伤程度，易损性越高，灾害的风险也就越大。

按照风险管理的理论，风险管理划分为风险识别、风险分析、风险应对和风险监控四个步骤。灾害风险管理的方法、步骤与之相应。

灾害风险识别或辨识，即找出灾害风险来源，明确灾害风险管理对象和目标；灾害风险分析，即从致灾因子、暴露量和易损性三个方面进行定量分析，综合评价灾害风险程度；灾害风险应对或管理决策，即经过比较分析采取一种或几种组合处置风险的措施，使灾害在总体上损失最小，并务求人的安全最大化；灾害风险控制，即对于可能发生的各种变化及不确定因素，制定实施相应的控制措施，防止灾情恶化。

3）减轻灾害风险的措施

对于灾害风险的处置方案主要有四种：①自留风险，由本地区承担灾害风险源，采取防灾减灾及应急措施，减少或消除一些风险因素，使总体风险降低；②回避风险，将人口和资产由高风险区向低风险区和安全区疏散转移，或将某种活动由高风险时段改在低风险时段进行；③转移风险，将重点区可能的灾害风险因素疏导至非重点区，如洪涝灾害可能威胁到城市重点保护区域时，将洪水排泄到预定的分洪区；④分担风险，采取保险或补偿等方式，在更大范围分担局部受灾区域的风险。

从以人为本的角度，将人的生命安全放在第一位，减轻灾害风险主要对致灾因子、暴露量和易损性进行限制，即采取控制（约束致灾因子）、躲避（减少暴露量）和抵御（改善易损性）的措施。

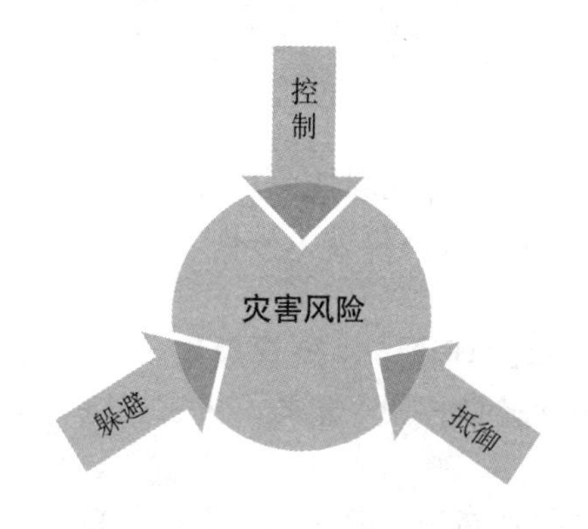

（1）控制：即约束致灾因子，从源头上消除或疏导灾源隐患。对于大多数的自然灾害，致灾因子尚不能控制，比如地震，还没有办法制止其不发生，也没有办法将其引导至人烟稀少地区发生。但对于许多人为灾害，在源头上进行治理扼制，则是一劳永逸的良策。控制致灾因子的工作主要依靠单位、团体等社会基层组织，其重点工作是排查与消除或控制灾源隐患。

（2）躲避：即减少暴露量，不出现或少出现在受致灾因子威胁的时间或者空间范围内，这是减轻灾害风险最安全也是最经济的对策。躲避灾难需要做好三个环节的工作，一是预测预警，即对有灾害危险的空间和时间进行预测、发布警报；二是组织撤离，将人类活动及时从危险区或预警区疏散出来，并进行有效隔离；三是设置禁入，实行戒严等措施，阻碍阻止人们进入危险地区。躲避工作主要依靠政府作为，其关键技术是预测预警。

（3）抵御：即改善易损性或脆弱性，提高承灾体的抗灾能力。抵御的措施是多方面的，既有工程性的，也有非工程性的，除了采取工程性措施之外，还包括“一案三制”、应急演练、培训教育以及救灾准备等，个人自救互救能力与技巧的提高也是必不可少的。抵御灾难的工作需要全社会共同参与和努力，其工作重心应是抗灾工程。

上述三种对策能做到其一，灾害风险则会大为降低。有些灾害受客观条件限制，也只能选择其中一种或者两种对策来减轻灾害风险。

减轻地震灾害风险之对策讨论：

● 地震尚是人类无法控制的致灾因子，减轻地震灾害风险的现实措施只能是抵御（改善易损性）和躲避（减少暴露量）。

● 减轻地震灾害风险的对策，必须综合考虑地震发生的不确定性（预测预报不过关）、巨大地震的严重破坏性（难以抗御）、次生灾害的复杂性和人员伤亡的惨重性的特点。

● 地震直接灾害主要是建（构）筑物破坏倒塌的伤亡损失，实际上是土木工程的灾害，原因之一是强烈地震造成地表断裂、沉陷、液化等地基失稳所导致，原因之二是强烈地震波摇晃造成结构破坏导致的。

● 对于8级以上或者烈度Ⅺ度以上的地震，基本上不可抗御，应采取躲避为主、抵御为辅的策略。即侧重于对构造块体边界区域巨大地震震源区的调查与识别，通过规划进行整体科学避让，同时加强预测预警工作，以实现紧急避险。

● 对于6.5级以上、8级以下或者烈度为Ⅸ度、Ⅹ度的地震，局部的断层破坏难以抗御，非断层破坏区域的建筑可以抗倒塌，应采取躲避和抵御并重的策略。即在大地震潜在震源或强烈活动构造区域开展地震活断层的探察，通过规划进行局部合理避让，同时加强提高建（构）筑物抗震能力特别是抗倒塌的能力。

● 对于6.5级以下或者烈度Ⅷ度以下的地震，其发生的随机性较大，造成破坏的原因以地震波为主，基本完全可以抗御，应采取抵御的策略。即按标准实施严格的建设工程抗震设防，提高人员密集场所和特殊危险建构筑的抗震要求，同时加强农村建筑和非结构构件等监管薄弱环节的抗震能力或稳定性。

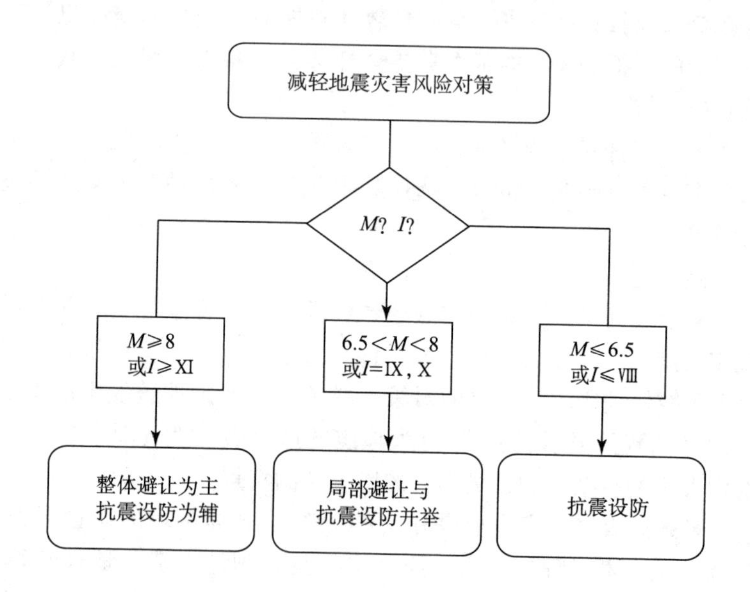

 2.5 有关防震减灾重大工程项目

有关防震减灾重大工程项目，包括中央要求推动的和正在实施或已计划实施的。

1）提高自然灾害防治能力重点工程

2018 年 10 月中央财经委员会第三次会议强调提高自然灾害防治能力，要求推动建设若干重点工程。涉及防震减灾的主要有三项：①实施灾害风险调查和重点隐患排查工程，掌握风险隐患底数；②实施地震易发区房屋设施加固工程，提高抗震防灾能力；③实施自然灾害监测预警信息化工程，提高多灾种和灾害链综合监测、风险早期识别和预报预警能力。

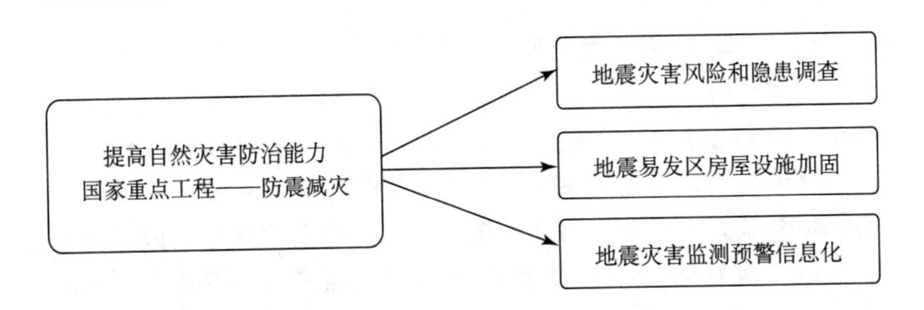

地震灾害风险调查和重点隐患排查工程，开展活断层及地震危险性调查、建（构）筑物抗震能力排查和危险区域内人口及财产分布情况统计，即从致灾因子、易损性和暴露量三个因素查明地震灾害风险和隐患。

地震易发区房屋设施加固工程，依据地震灾害风险调查和重点隐患排查结果，或者根据地震重点监视防御区及地震重点危险区的划分，按轻重缓急分批次开展房屋设施加固，从地震直接灾害的源头上防控风险。

地震灾害监测预警信息化工程，运用现代信息和数据处理技术，提升地震监测和预报预警能力，攻关地震前兆和灾害风险早期识别方法，建立相关行业的协作共享机制，服务地震次生灾害链上的风险防范。

2）防震减灾在建及拟建重点项目

与市县工作有关的防震减灾在建和计划建设的重点项目主要有四个：

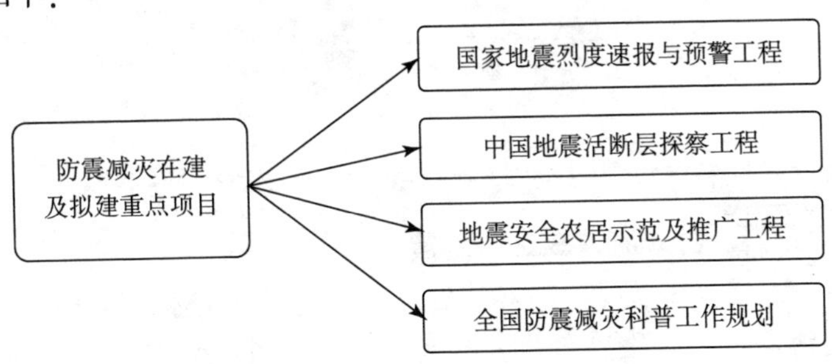

（1）国家地震烈度速报与预警工程：

国家地震烈度速报与预警工程，于2018年7月正式启动项目实施，计划2022年建成。项目建设内容包括台站观测系统、通信网络系统、数据处理系统、紧急地震信息服务系统、技术支持与保障系统五大系统。台站系统方面，将在全国新建、改造三大类台站，即1960个配置宽频带测震仪和强震仪的基准站、3309个配置强震仪的基本站、10241个配置烈度计的一般站，共计15510个台站。项目建成将在华北、南北地震带、东南沿海和新疆天山中段4个重点地震预警区实现完善的地震预警能力和基于乡镇实测值的烈度速报能力，在其他地区则形成远场大震预警能力和基于县级城市实测值的烈度速报能力，地震预警时间为秒级，烈度速报为震后2~5分钟。项目功能服务于政府应急决策、媒体公众传播、学校逃生避险、铁路紧急处置、危险企业应急。

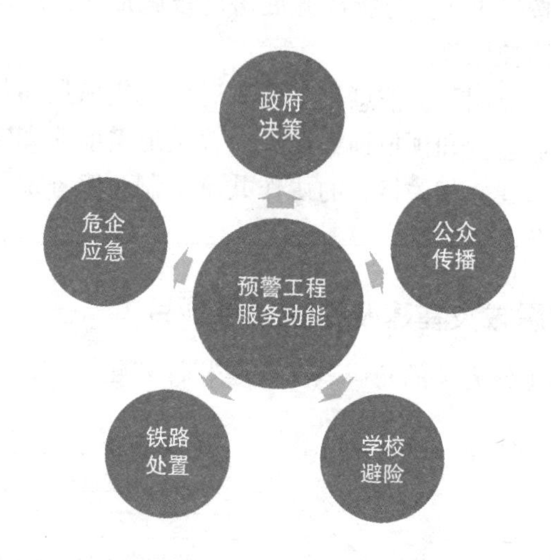

案例 **台湾海峡6.2级地震**

地震预警就是一个和地震波“赛跑”的过程，它能提供几秒至几十秒的应急处置时间。2018年11月26日7时57

分台湾海峡发生6.2级地震，福建省地震局地震预警系统第一时间发布地震预警信息，快速产出地震烈度速报图，并及时通过电视、互联网、微博、微信和手机媒体向社会传播，把地震信息发送到千家万户。地震波到达厦门前30秒地震预警系统发出警报，龙岩市则提前13秒发布地震预警信息，地震预警信息发布后，厦门、漳州、泉州、莆田、福州、龙岩等地学校迅速有序组织学生紧急避险，撤离至户外安全场地，未发生一起踩踏伤亡事故。社会公众正确使用地震预警信息，没有出现恐慌和谣言，社会生产生活平稳有序，表明福建省先期示范建设的地震预警系统已取得显著成效。

接到地震预警信息，厦门金尚中学组织学生紧急避险

(2) 中国地震活断层探察工程：

中国地震活断层探察工程，在“十五”期间开展了21个城市活断层探测与地震危险性评价，之后成为财政经常性项目在地震构造活动区域持续进行地震活断层探测。项目通过电磁、人工地震等地球物理探测和遥感、钻孔剖面、探槽、地表填图等地质调查，精确确定活动断层的几何特征、活动年代、规模、期次等参量，评价其地震危险性和危害性，进而提出避让等措施建议。地震活断层探察，属于地震灾害风险调查的主要内容，其结果直接为规划避让或采取针对性防范措施服务。

案例 我国首座跨越活断层的特大桥梁

铺前大桥（2019年3月建成通车后更名为海文大桥）位于海南岛东北，是连接海口市演丰镇和文昌市铺前的跨海大桥，它全长5.597千米，其中跨海大桥长约3.8千米，两岸接线长约1.9千米。铺前大桥要跨越铺前—清澜断裂带，该断裂带包含三条地质断层，其中一条是一个全新世活动断层，并且参与了1605年琼州7.5级大地震震中的构造运动。

大量震害案例表明，位于地震活断层上或附近的破坏最为严重，且难以抗御，为了大桥的安全，在选线时都会努力主动避开活动断层。但铺前大桥所处的位置完全覆盖和穿过铺前—清澜断裂带，一段全长581米的引桥中的两个桥墩必须直接跨越活断层，无法实行避让。

跨越地震活断层的铺前大桥

铺前大桥项目开展了专项探测研究，采用海域浅层地震勘探与钻孔验证，最终确定断裂带的形状和性质。结合断裂带的性质，有针对性地进行设计，采用了半漂浮与阻尼器相结合的抗震体系，可以有效地消解并吸收地震能量，这些阻尼器同时还可以起到抗风的作用，对维护大桥的稳定性起到至关重要的作用。大桥的主梁采用的是自重较轻的钢箱梁，以尽可能减小地震作用下主梁对桥塔的惯性力，同时采用连续结构体系，以提高大桥的整体稳定性，但在跨断裂带的部分，大桥的设计与其他部位不同。跨断裂带部分的桥体采用的是简支钢箱梁结构，梁段之间相互不连接，在大震作用下，断层之间发生错动，这样即使局部的桥段发生破坏，也不会影响大桥的整体稳定性。

(3) 地震安全农居示范及推广工程：

地震安全农居示范工程，是“十一五”国家防震减灾规划重点项目之一，涉及农村民居基础资料调查、抗震实用化技术研究与开发、地震安全农居示范户建设、防震减灾知识宣传和技术培训、抗震技术服务网建设等内容。取得的经验主要有三个方面：一是依靠党和政府领导，建立对示范农户有吸引力的鼓励引导投入机制；二是因地制宜，编制多套适宜当地风俗的抗震农居图集，强化对农村土木工匠的培训；三是充分利用和搭乘各种建设机遇，包括整体拆迁、危旧房改造、茅草房改造、校舍加固、工程移民等，大力成片建设抗震农居。目前地震安全农居建设进入推广阶段，各省各地的要求不尽相同，但是农村民居抗震能力相对薄弱或不设防的情况仍是防震减灾的短板之一，需要持续推进和提高农村房屋及设施的抗震能力。

案例 新疆“安居富民”工程

“十二五”期间，新疆累计投入1200多亿元，建成安居富民住房150多万户，有600万农牧民群众入住新居。据自治区人民政府统计，在近年来新疆发生的20余次5级以上破坏性地震中，各地新建的安居富民房无一损毁，即便是在2014年于田7.3级强烈地震和2015年皮山6.5级地震中，都没有安居富民房倒塌。2017年8月9日7时27分，新疆精河县发生6.6级地震，震源深度11千米，造成307间房屋倒塌、5469间房屋裂缝受损，32人受伤。倒塌受损的房屋均为土坯房或老旧房，距离震中仅33千米的精河县八家户农场，其安居富民房无一倒塌和损毁。

精河6.6级地震中八家户农场安居富民房无一倒塌损毁

新疆维吾尔自治区实施的“安居富民”工程，大大提升了房屋抗震能力，经受住了多次中强地震的检验，没有出现倒塌情况，减灾效益充分显现。“安居富民”工程极大地改善了新疆农牧民的居住条件，同时还让乡村面貌一新。各地政府把农牧区危旧房改造与乡村道路、农网改造等基础设施建设结合起来，改变了过去无序建房、分散居住、布局凌乱的情形，使农村人居环境发生了显著变化。

（4）全国防震减灾科普工作规划：

全国防震减灾科普工作规划，是为了贯彻落实全国首届科普大会精神，切实做好新时期防震减灾科普工作，而编制的专项规划。规划目标期设定在2020年和2025年，提出了四项重点工程：防震减灾科普信息化智能化工程；防震减灾科普基础设施改造提升工程；防震减灾科普品牌创建推广工程；防震减灾科普能力提升工程。规划的主要任务和重点工程自2019年起逐步实施。

案例 **意大利拉奎拉地震事件启示**

2009年4月6日，意大利中部发生6.3级强震，造成308人死亡，约2万幢房屋被损坏或无法居住，经济损失约30亿欧元。2011年5月，意大利7名科学家被控过失杀人罪，原因是他们在2009年4月6日发生在意大利中部拉奎拉地区的地震前，未能及时向当地居民发出警报，导致超过300人丧生。法官称，“拉奎拉地区的民众早在地震发生前6个月就感受到了地面的轻微震动，然而，被告却向当地民众传递了不准确、不完全以及错误的信息，未能对地震的发生提出警告。”这些地震专家在接受媒体采访时打消了人们对地震的担忧，并强调预测地震是不可能的。他们还说，对于拉奎拉这样一个经常发生地震的地区来说，连续6个月发生轻微地质活动并不是什么不正常的现象，也不意味着就会发生大地震。另外，检方还引用了当时一名专家在接受采访时的表态，当被问到拉奎拉地区的居民是否应该待在家中喝杯红酒的时候，这名专家称：“当然，当然要喝一杯卓林普乐怡诺红葡萄酒。”意大利媒体评价称，这样轻松的表态无异于劝说那些后来的受害者们待在家中。尽管科学家们的辩护律师称，以目前的科学技术，根本无法准确预测地震。法庭于2012年10月22日做出了有罪判决，7名被告均因过失杀人罪被判入狱6年，且终身不得担任公职。7名被告全部否决了诉讼方的指控并提起上诉，拉奎拉上诉法院于2014年11月10日做出裁决，除时任意大利民防部副部长的贝尔纳多·德·贝尔纳迪尼斯被判2年监禁之外，其余6名科学家均被宣判无罪。

2009年意大利拉奎拉6.3级地震死亡300余人/地震专家受审

意大利拉奎拉地震及科学家受审事件，实际上是地震知识宣传或传播不当的典型案例。拉奎拉地震后，意大利政府邀请美国、中国、日本等9个国家的10位地球物理学家，组成“国际民防地震预报专家委员会”，对国际地震预报的认知状况进行评估，形成《可操作的地震预报》，认为地震概率预报具有科学性和可操作性，并应向公众公开信息源。拉奎拉地震事件带给我们的启示有三个方面：一是应及时向公众提供较全面的且权威、科学、一致的地震概率预报信息，以及预报概率的变化，并公开一些主要的统计数据和依据；二是应公布地震可能影响区域的建筑物抗震能力，对于抗震性能弱的建筑提示风险；三是应加强地震灾害预防和应急的知识与技能的宣传、教育和培训，将应急避险措施的决策交给公众自己。

类似拉奎拉地震事件的社会影响在我国也常遇到，其中即有专家或要求专家提出超出科学范畴的意见，也有社会公众不能正确理解地震预测预报，还有媒体传递错误信息造成误导等问题，防震减灾科普宣传工作应以提升公众防震减灾科学素质为主线，努力创新科普宣传方式，深化与应急管理、教育、科技、科协等部门合作，及时化解舆论风险，并依托科普规划项目强化防震减灾的科学普及。

3 落实社会防震减灾措施

在防震减灾工作中，市县负责管理地震工作的部门或者机构以及群测群防助理员、联络员，是面向社会最直接、最有效的力量，是发挥政府职能、强化社会管理和提升公共服务的重要基础，是面向公众组织开展防震减灾各项活动的最前沿。本节介绍市县及基层防震减灾的 5 项主要工作。

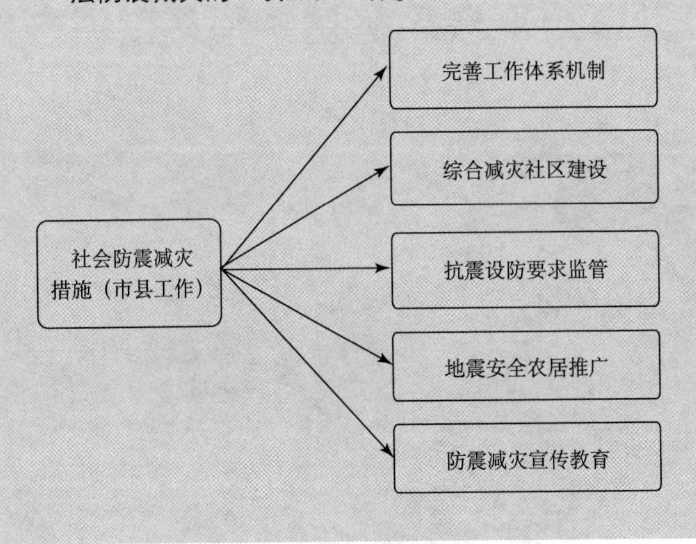

中国地震动峰值加速度区划图

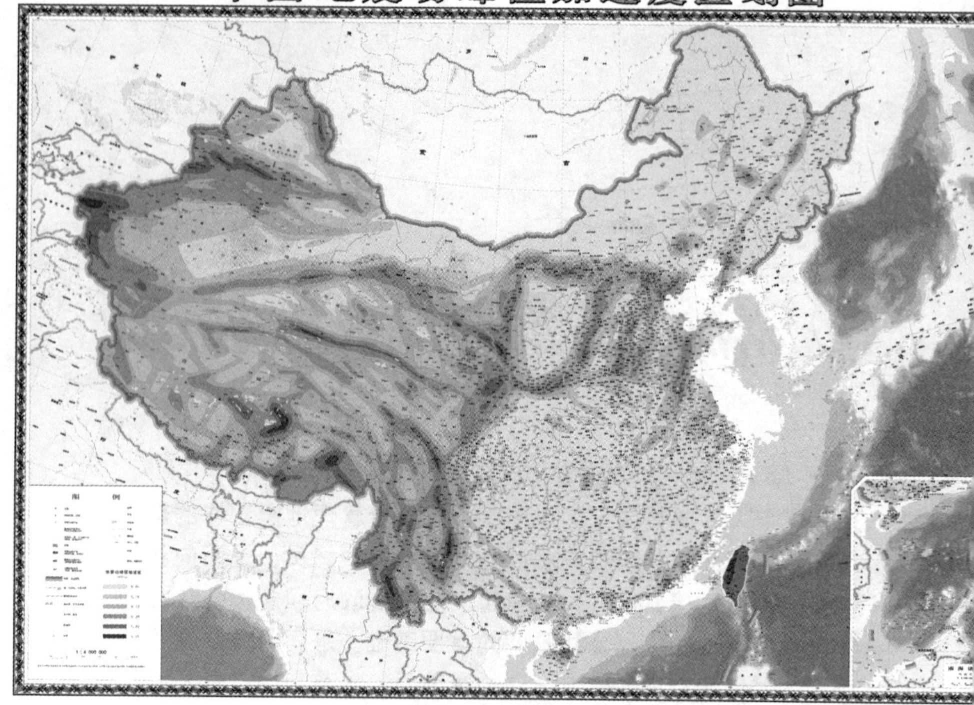

引自中国标准出版社出版的GB 18306－2015《中国地震动参数区划

中国地震动反应谱特征周期区划图

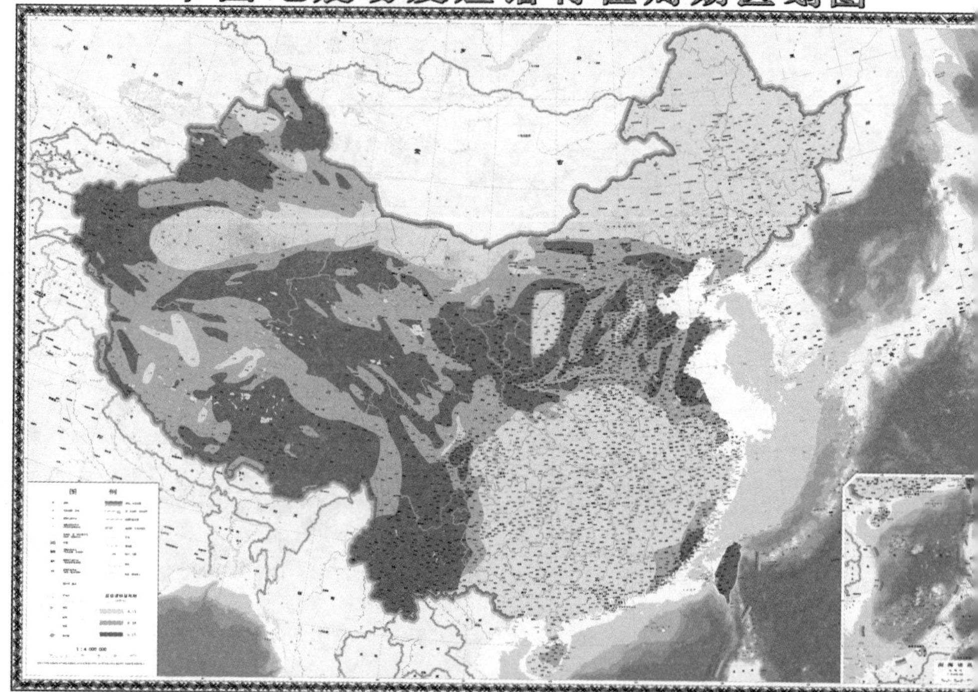

引自中国标准出版社出版的GB 18306－2015《中国地震动参数区划

3.1 完善工作体系机制

长期以来，我国市县防震减灾工作取得长足发展，基础性地位不断得到巩固。2010年中国地震局印发《关于加强市县防震减灾工作的指导意见》（中震防发〔2010〕96号），全面促进了市县履行防震减灾法有关职责的能力，强化了市县地震工作机构和队伍建设，加大了市县防震减灾工作的投入，推进市县防震减灾工作纳入政府责任目标考核体系。

但存在各地发展不平衡、管理体制不健全、管理模式多样、工作机制不顺畅等问题，市县和基层防震减灾能力与社会发展的需求仍有较大的差距。国家实施防灾减灾救灾体制机制改革，建立新时代应急管理体系，统一协调管理防灾减灾救灾工作，按照分级负责、属地管理为主的原则，市县防震减灾工作要融入应急管理体系。要进一步理顺和完善市县防震减灾工作体制机制，加强农村基层的防灾减灾体系建设，强化群测群防群救的队伍和能力，提升市县及地方基层对地震灾害防治能力。

案例　海南完善市县防震减灾工作体系

海南1988年建省，全省各市县（18个，2012年设立地级三沙市）由省直接管辖。至2006年底全部市县均设立了防震减灾主管机构，其中8个为独立机构，其余为合署办公，并配齐专职从事防震减灾工作人员。2008年建立了与经济社会发展水平和防震减灾工作相适应的投入机制，各市县以其当年总人口为基数，按照人均2009年1.2元、2010年1.4元、2011年1.6元、2012年1.8元的标准安排防震减灾工作经费，按照每人每月80~120元的标准安排群测群防联络员补贴。至2010年，全省群测群防“四网两员”工作体系建立健全，作到乡镇全覆盖，村委会基本覆盖；各市县均成立了地震灾害紧急救援队，统一配备了有关救援设备；全省18个市县政府和洋浦经济开发区管委会均将抗震设防要求管理纳入了基本建设管理程序，其中13个市县进入政务服务中心审批窗口。自2011年起对市县政府防震减灾工作实行考核，有效促进了市县政府防震减灾主体责任落实和相关各项工作的推进。

海南属于现今地震活动相对较少、较弱的地区，能够将市县防震减灾体系及工作推动较好，其主要经验为：①依靠法治，借助省人大进行的防震减灾法和省防震减灾条例的执法检查和跟踪督查，强化防震减灾责任及任务落实；②依托政府，充分发挥省抗震救灾指挥部的政府职能，由省政府直接发文加强防震减灾工作，通过市县政府考核公示及分管省领导公开点评，有效督促市县防震减灾工作；③抓住机遇，紧紧抓住汶川地震的警示，积极主动推进市县防震减灾投入等体制机制的完善；④协同推进，协调省法制、规划、住建、教育等相关行业主管部门，共同对市县开展检查督查、教育培训等，有力促进市县防震减灾工作；⑤主动作为，积极顺应“放管服”改革、防灾减灾救灾体制机制改革等，强化事中事后监管，抗震救灾指挥部转隶应急管理部门后，主动沟通将市县防震减灾年度工作部署和考核纳入省应急管理程序统一实施，使得市县防震减灾工作没有减弱并持续加强。

3.2 综合减灾社区建设

国际上逐渐认识到，仅靠专业和行政力量很难完成好灾害的预防和应急工作，社区在防灾减灾救灾以及灾后重建方面扮演了重要的角色，日本阪神地震等灾害显示社区自救互救的作用占八成多，美国、日本等国家开始强调社区防灾减灾的重要性，并陆续研究制定提升社区灾害防救能力的方法和对策。2008 年汶川地震后，中国地震局力推“地震安全示范社区”创建，民政部推出“综合减灾示范社区”创建，2018 年民政部、中国地震局、中国气象局印发《全国综合减灾示范社区创建管理暂行办法》，同时发布《全国综合减灾示范社区创建标准》。

防灾社区的社区概念是广义的，主要指居委会管辖的街道和村委会管辖的村庄，也可以是占地较大的单位如企业、医院、学校、农场等，总之应具有相对独立的地理和行政管理单元，属于社会管理的最基层组织细胞。因为各个区域灾害环境、性质、程度不尽相同，社区在防灾减灾救灾的管理上和时效上具有明显的优势，应广泛推进综合减灾社区建设。综合减灾示范社区创建的主要内容包括：①组织管理、人员、制度等建设；②灾害隐患排查与风险评估；③针对各类灾害风险制定应急预案，并经常开展应急演练；④开展防灾减灾知识宣传和教育培训；⑤因地制宜建立灾害应急避难场所，设置醒目的标志指示，建立应急储备机制，配备基本的应急救援工具、设备及用品；⑥建设志愿者队伍，充分发挥个人或社会团体的特长、专长。

案例　台湾防灾社区

20 世纪 90 年代中期，我国台湾地区跟随国际潮流推动社区营造，1999 年“9・21”南投地震之后，进一步加强防灾社区的建设，经历十几年的持续努力建成一批先进实用的防灾社区，得到联合国教科文组织的认可与推介。值得借鉴的经验主要有：①三方协作推动，政府、专业团队和社区紧密合作，政府负责政策和部分资金支持，大学或研究所承担专业任务，社区则完成组织、参与、执行等工作；②专家细致指导，专家团队在社区做大量细致的工作，有些是专业性较强的，如灾害源及灾害风险调查分析、避难场所规划与逃生路线制定等，有些则是普通琐碎的，如教会近乎文盲的老人认识防灾地图、指导行动不方便或记忆较弱的人群反复练习逃生路线等等；③居民广泛参与，在防灾社区建设的各个环节，吸引、鼓励和督促社区居民广泛参与其中，包括灾种识别、风险分析、对策讨论、应急准备及演练、灾后重建计划等；④做到精致实用，一个防灾社区至少需要一年以上的时间去营造、打磨，能够从源头上解决的则采取措施避免灾害事件发生，不能从源头上解决的则采取措施避免造成灾难的结果，灾害应急避险做到因地制宜、有效实用；⑤着眼永续目标，防灾社区建设是通过对社区民众的动员，进行防救灾的学习训练、灾害环境的监视、灾害对策的研定、社区组织的建立、防救灾设施与设备的准备等，来改善居住环境的安全，强化社区整体的防救灾能力，将防灾社区的理念融入社区营造之中，实现适宜居住、工作的安全生活环境，达到永续社区的目标。

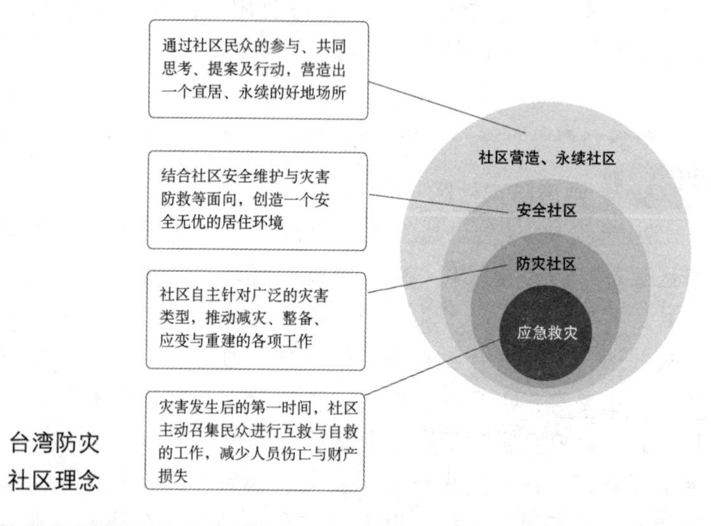

台湾防灾社区理念

3.3　抗震设防要求监管

地震发生时只要人居建筑不倒塌，就会大大减少人员伤亡。我国最新发布的国家强制性标准 GB18306—2015《中国地震动参数区划图》（也称第五代区划图），按照“罕遇与极罕遇地震避免结构物倒塌、多遇中等地震控制结构物和非结构物系统损坏”防御地震破坏的准则，提供了各地基本地震动参数（峰值加速度和反应谱特征周期），即“两图”和“两表”，多遇地震、罕遇地震和极罕遇地震动参数通过调整计算得出。学校、医院等人员密集场所的建设工程地震动峰值加速度要求提高一档、反应谱特征周期不变，位于地震高烈度区（峰值加速度 0.20g 及以上）、地震重点监视防御区或地震灾后重建阶段的新建 3 层（含 3 层）以上学校、幼儿园、医院等人员密集公共建筑，应优先采用减隔震技术进行设计。需要按规定专门开展地震安全性评价的建设工程，应按照评价结果确定抗震设防要求。

建设工程按照抗震设防要求进行设计、施工、监理是保障其抗震质量与能力的主要环节。地震重点监视防御区或地震易发区的抗震不达标的建筑，应进行甄别，采取加固或拆除等措施。市县防震减灾主管部门是开展抗震设防要求监管的重要力量，在“放管服”改革和体制机制改革后，需要加强和健全执法队伍，并加强与发改、规划、建设等部门间的沟通协调，定期开展抗震设防要求执行情况的联合执法检查，及时跟进、超前服务，抓住“图审”等关键环节，做好事中事后监管。

案例　智利抗震奇迹

智利是一个沿海岸线分布的条状国家，其位于环太平洋地震带的西南段，处在板块碰撞带及其边缘，地震活动十分强烈，世界上最大地震（1960 年 9.5 级）和第 5 大地震

（2010 年 8.8 级）就发生在智利近海，然而凭借其建筑卓越的抗震能力，创造了一个又一个抗震奇迹。1985 年首都圣地亚哥 8 级地震死亡 177 人；1995 年安托法加斯塔 8 级地震死亡 3 人；1996 年智利海域 7.1 级地震无人员死亡；2005 年塔拉帕卡 7.8 级地震死亡 11 人；2007 年安托法加斯塔 7.7 级地震死亡 2 人；2010 年智利中部近海 8.8 级地震死亡 600 余人（其中 500 多人死于海啸）；2014 年伊基克西南 7.4 级地震无人员死亡；2014 年古古雅镇海域 8.2 级地震死亡 6 人；2015 年查尼亚拉尔市 8.2 级地震死亡 15 人；2016 年梅林卡市 7.6 级地震无人员死亡。

2010 年 2 月 27 日智利中部近海发生 8.8 级地震，600 余人遇难（其中 500 多人死于海啸）

1939 年发生在奇廉的 7.8 级地震死亡 3 万人，血的教训让智利人意识到，质量不过关，房子就会变成坟墓。第二年，智利政府即颁布了建筑物抗震设计规范，并将不合规范的房屋强行拆除。这样，1960 年人类有史以来最严重的地震 9.5 级瓦尔迪维亚大地震来袭时，智利死亡人数按最高估算也只有 6000 人，最低估算则为 2231 人。1985 年圣地亚哥发生 8 级特大地震，也只造成 177 人死亡。但对于上述两个外界视为“奇迹”的数字，智利政府仍认为“太多”，为此进一步修改了建筑规范，要求所有建筑都按照抗御烈度达到 9

度的地震标准来设计，即能抗强震、能阻燃并留有充分的逃生通道；旧建筑则必须通过改建达到抗震标准，否则就必须予以拆除。

智利防震设计理念先进，所设计的建筑不是“坚不可摧”，而是尽可能地缓冲、释放地震能量，从而最大限度地保全建筑物。在建筑物内留有足够的伸缩缝，以此缓冲地震时的拉伸作用。智利广泛采用的“强柱弱梁”的抗震设计，保证了建筑物在地震中或摇而不倒，或倒而不溃，给人们以更多救援和自救时间。在施工期间，工程师的现场监督不讲任何情面，并实行严格的工程质量事后追究制度。1985年圣地亚哥8级大地震中，高于27米的1000多栋高层建筑只倒塌了一幢楼，而这幢楼的设计师、建筑公司人员全部被判刑入狱。

智利人的可贵之处还在于注重及时汲取教训。如2010年的8.8级地震后初期出现断电失联，智利负责地震勘察和海啸预警的专门机构未能与地方监测站建立联系，错估了形势，过早撤销海啸预警，导致死亡人数骤增。此后，智利各方都就提高全国地震监测网络的稳定性进行反思，并及时推出了新举措：全国地震服务中心扩大了监测网的铺设范围，并在每个主要监测站配备自主发电设备和卫星通信设备，确保及时获得并发布监测数据，做到关键时刻“不掉链子”。

3.4 地震安全农居推广

防震减灾法第四十条要求市县政府加强对农村住宅和设施的抗震设防管理。《汶川地震灾后恢复重建条例》第四十三条第四款规定：地震灾区的县级人民政府应当组织有关部门对村民住宅建设的选址予以指导，并提供能够符合当地实际的多种村民住宅设计图，供村民选择。村民住宅应当达到抗震设防要求，体现原有地方特色、民族特色和传统风貌。GB18306—2015《中国地震动参数区划图》的适用范围是全国，即包括农村。县级以上地方人民政府应根据 GB18306—2015 确定的抗震设防要求，加强对农村民居抗震设防的管理。对农村民居的选址、设计等予以技术指导，并采取多种途径支持农村民居的所有者和使用者进行房屋的抗震设防设计和加固。

汶川地震中烈度Ⅷ度以上地区的农居大多数被摧毁，是造成重大人员伤亡的主要原因。以砖木/土木结构和一般砖混结构为主的农村房屋建筑的抗震能力，远低于经过抗震设防的县市及以上城市地区。GB18306—2015 消除了不设防的区域，全国任意一个地方均需考虑 0.15*g*（Ⅶ+）以上地震作用（抗倒塌），农村地区也不例外。

案例　广西苍梧 5.4 级地震的启示

2016 年 7 月 31 日广西梧州市苍梧县发生 5.4 级地震，震源深度约 10 千米，震区最高烈度达Ⅶ度。震中位于苍梧县沙头镇与贺州市仁义镇交界的农村地区，震前，震中及附近历史上未记载发生过 5 级以上地震，仪器记录以来也没有记录到 3 级以上地震，是典型的少震、弱震区。受地震影响，苍梧县有 7 个镇受灾，共 51 户房屋受损严重，受灾群众 107005 人，造成直接经济损失 2420 万元。Ⅶ度区面积约 70 平方千米，涉及梧州市苍梧县沙头镇参田村、贺州市八步区仁义镇松高村和新联村，该区域范围内村庄大部分房屋抹灰层面出现裂缝，少数房屋承重墙壁出现剪切裂缝，个别土木房屋出现墙壁贯穿裂缝成为危房。

这次地震受灾区有部分区域在第四代地震区划图中位于非设防区，在 2016 年 6 月开始实施的第五代区划图中把该区域基本地震动峰值加速度确定为 0.05*g*，相当于按照Ⅵ度设防，新建房屋应按照现行设防规范进行抗震设计，老旧房屋要进行加固，特别是做好基础圈梁、构造柱等抗震设防措施。

2016年7月31日广西苍梧5.4级地震震中区农村房屋受损严重

苍梧地震告诫我们，5级左右地震随处都可能发生，并且可能造成烈度为Ⅶ度的破坏，农村不设防、不抗震的房屋建筑遭遇5级左右地震时必将造成严重的损坏。GB18306—2015和防御地震破坏的准则，一样要求农村地区建筑在遭遇基本地震动时不致系统损坏、在遭遇罕遇或极罕遇地震动时结构不致倒毁，并且最低设防地区抗御基本烈度定为Ⅵ度（基本地震动峰值加速度0.05g），抗御罕遇地震烈度定为Ⅶ度强（基本地震动峰值加速度0.15g），符合地震灾害实情。

3.5 防震减灾宣传教育

防震减灾宣传教育工作，是提高公民科学素质的重要一环，是增强社会防震减灾意识的主要手段，是提高社会应对地震灾害能力的有效措施，也是防震减灾公共服务的重要组成部分。市县地震工作管理人员和群测群防助理员、联络员是防震减灾的前线战斗员，在防震减灾宣传教育工作中起到重要的作用。

根据多年的实践经验，在防震减灾宣传教育工作中，应注意三个方面的问题：①内容上要讲究科学实用，例如，地震预测难题尚未攻克，所谓“异常”“前兆”的宣传内容宜减少，而建筑物抗震则是科学有效的防御措施，应加大宣传；②形式上要注重与时俱进，例如，上街宣传、展板展示等方式陈旧，传播范围十分有限，而现代网络传播速度快、覆盖面广，微博、微信、美篇、短视频、语音等媒介及形式更易于大众接受和转发；③对象上要倾向重点人群，开展防震减灾科普教育要求“六进”，即在学校、社区、家庭、农村、企业、机关中针对各自的特点开展一系列的防震减灾宣传教育活动，而实际上更需要向重点人群倾斜，例如，领导者有支配权和决策权，单位主要负责人的防灾意识强则减灾效果就明显，孩子在学生时代接受防灾教育将受益一生，并能够带动家庭，从事高危职业和抗灾弱势群体（老人、残疾人等）更需要接受防灾知识，以提升其防灾能力。

案例 **安徽阜阳 4.3 级地震的启示**

2015 年 3 月 14 日安徽阜阳市颍东区发生 4.3 级地震，震源深度 10 千米。地震受灾人口 4.15 万人，房屋倒塌 155 间，严重受损 4152 间，一般受损 6927 间，死伤 15 人，其中 2 人经抢救无效死亡，这是一次典型的小震致灾事件。两名死者均是在地震中被楼房栏杆的“罗马柱”掉落击中，刘某（女，64 岁）被砸中头部，李某（男，75 岁）被砸中胸部。

此次地震导致伤亡，主要是部分房屋抗震质量较差和民众避险知识运用不熟练造成的。在该地区及广大的农村，由于资金、建房习惯等原因，很多的房屋建造时几乎没有考虑抗震设计，即地基的地梁、承重的柱子以及屋顶的圈梁和楼板等构造缺少应有的抗震措施，一些房屋为了外表美观，屋顶加装了罗马柱等非结构构件，而这些构件不够稳定和牢固，地震摇晃下较容易掉落，这就埋下了许多的地震安全隐患。另外，很多群众平日对地震避险知识不够重视和了解，地震时慌乱外逃，遭到上空坠物的砸中，一定程度上加重了伤亡。

2015 年 3 月 14 日安徽阜阳 4.3 级地震不抗震房屋倒塌/不稳牢罗马柱坠落

阜阳地震告诫我们，在防震减灾宣传教育内容方面，需要加大力度宣传房屋的抗震设计理念知识，尤其是对相对贫困、固有不安全建房习惯的地区百姓，也要把非结构的房屋附属物件的安全稳定性知识加以宣传，如对于装饰罗马柱、高大家具、柱灯或较重的顶灯等，防止其发生倒砸或坠砸危险的方法措施，此外，以案示例，根据地震摇晃程度和建筑抗震能力及所处的环境，具体说明地震发生时相对安全的紧急避险对策和方式方法，依然需要广泛宣传和普及。

海南省
农村民居
地震安全示范村

4 提高个人防震减灾能力

个人防震减灾能力，即个人地震应急避险的能力，也就是在遭遇地震灾害时个人需要具备的逃生和生存技能。地震灾害既包括建（构）筑物破坏的直接灾害，也包含由直接灾害引发的火灾、水灾、污染等次生灾害，遭遇这些灾害都需要具有较为熟练的自救互救技能。因此，笔者从五个方面讨论提高个人防震减灾的能力。

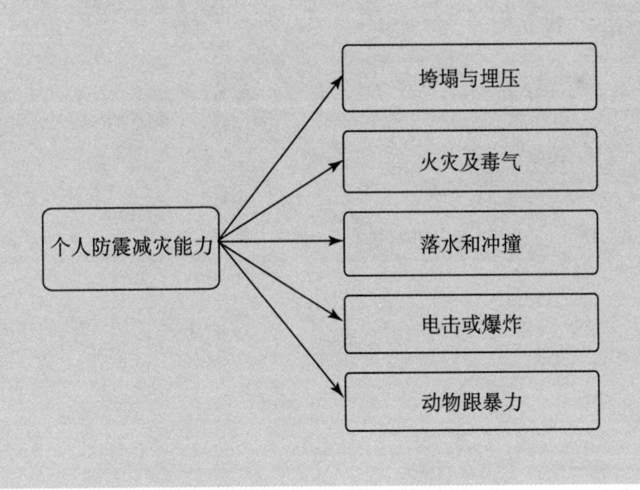

人与家庭的避震及救助
Evacuation and Rescue for Individual and Family
做好家庭防震准备
Evacuation and Rescue for Individual and Family

4.1 遭遇垮塌与埋压

地震的直接灾害是对建（构）筑物的破坏及其造成的人员伤亡，地震发生时对人员生命安全构成威胁的最初、最主要方式就是建（构）筑物倒塌，即垮塌和埋压。当然，滑坡、塌陷、台风等其他灾害也可能发生此类的情况，因此面临垮塌与埋压的求生技能必不可少。

1）预知垮塌的危险

预知危险是每个人在任何场合都应该有的能力，也是个人防灾的基本技能。只要坚持做到“掌握常识”+“正确判断”，就能够获得预知危险的能力。

（1）认知地震前兆：

肉眼看得见的异常称为宏观异常，大地震前或多或少地会出现一些宏观异常现象，例如动物反常、井水突变等。地震专业部门需要调查，排除天气、环境等各种干扰影响后，才可能被确认为地震前兆。而作为百姓个人来说，发现异常后应依次做好以下几项：

①及时报告。第一时间向政府组织或地震管理部门报告，说清楚异常出现的时间、地点和异常种类及特征，并留下通讯方式以保持联络。

②注意观察。地震前动物中一般是牲畜、家禽和钻地的或体型中大的动物比较灵敏和敏感。如果异常现象很显著，且持续，并有扩大的趋势，异常种类不是单一的，并且看不出有明显的影响因素，则需要提防可能发生地震的危险。

③自我备震。地震宏观异常一般出现在地震前几天至几个小时，当察觉到可能是地震前兆时，自己的家庭可以作备震准备，包括熟悉逃生路线和通道、记住避险相对安全位置、配备放置应急包（饮用水、药品、食品等）、掌握自救互救操作知识等。自

我备震期一般不超过 10 天，以自己生活、工作地点为主，不可以向社会散布自我判断的前兆信息，避免形成地震谣言引起社会恐慌，但如有必要可以向基层政府组织负责人报告。

（2）判断空间危险性：

震级越小的地震越多，震级越大的地震越少，这是地震活动的一条基本规律。大多数的情况下我们只是感觉到中小地震的震动，并没有对生命安全构成危险。当感觉到振动时，需要对所处空间的危险性做出迅速而准确的判断，以采取正确的行动。

①房屋的抗震性能。处于建筑物环境内，需要对其抗震性能有基本的了解，一般来说房屋越新抗震能力越强（因为法律法规越来越严、国家标准越来越科学合理），“头重脚轻”和“过度装修”的房子抗震能力相对较弱；处于较高地震设防基本烈度（或基本地震动峰值加速度）的城市地区，建筑物抗震能力较强，而处于农村地区的房屋，除了经过地震安全民居等改造或新建的外，大都抗震性能较差。另外，遭遇大地震时，楼房的一、二层易断塌，也最危险。

②地震的远近。由于不同类型的地震波传播过程中在距离上衰减的差别，距离较远的地震纵波衰减较大，所以如果感觉到的振动只是慢慢的摇晃，有头晕的感觉，说明地震离自己较远，不必惊慌失措。

③地震的大小。大地震释放的能量大，感觉到的震动也大，反之亦然。小地震时的感受和现象是，坐得稳、站得住、架不倒、物没跳；而大地震时的感受和现象是，坐不稳、站不住、柜架倒、桌物跳。

显然，抗震性能较差的建筑物是危险的，遭遇大地震的情况也是危险的。此外，个人在购买或者建造房屋时，要符合当地的抗震标准（抗震设防要求），避免建造或购买头重脚轻的“软脚”建筑；要避开山崩、滑坡、泥石流、塌陷、地裂缝等抗震不利地段；在进行装修时不可对结构、承重构件等造成损伤，避免大量使用石料贴面导致负荷过重，从而影响其抗震性能；书架、柜架、灯具等易倒砸的家具应进行稳固，并避开床等生活常处部位。

（3）警惕垮塌前的信号：

任何建（构）筑物的垮塌都是失去平衡的过程，存在由小到大、由数量积累到性质突变的演化，只不过有些演化的过程很短，几乎是瞬间完成，需要有十分敏感的洞察力。

①碎块掉落。由于结构的变形运动，垮塌前大都会出现碎块掉落的情况，老旧房屋更为明显，如墙皮的脱落、灰沙崩落等，崩塌、滑坡、塌陷等灾害发生前最初也会出现石块、砂土等碎物的零星掉落现象。

②裂缝扩张。垮塌的步骤是结构破坏、分解、瓦崩的进程，裂缝的出现与扩张和增多必然是垮塌前的征兆。包括崩塌、滑坡、塌陷等灾害发生时也会先期出现裂缝的增多与扩张现象。

③声音爆裂。强烈的振动和结构的破坏多数都会产生爆裂的声音，当这种轰鸣如雷或挤碎刺耳的声音仿佛就在身边时，危险已悄然而至。

④宠物逃离。猫、狗等宠物在临近危险时比人类敏感得多，当感知到人类不易察觉的声音、震动等危险信号时，许多宠物会迅速逃离。

2）掌握躲避的技巧

当建（构）筑物要垮塌时，无疑在其内部或附近边缘地带是非常危险的，此时此刻正确的选择就是迅速躲避，其一是撤离躲避，其二是就地躲避。

（1）迅速撤离：

在遭遇大震或者所处建（构）筑物抗震性能较差或者感到建（构）筑物即将垮塌的情况，处于一二层位置的，应采取正确的逃生路线和逃离动作，迅速撤离危险建（构）筑物至安全的区域。

①熟悉撤离路线。事先要了解自己所处环境的逃生通道和应急避难场地，规范化的场所多有标示。对地震等灾害造成建（构）筑物垮塌的情形，撤离路线以尽快远离为选择，不要沿着建筑物的边缘或可能的高空坠物、倒塌影响的区域撤离，撤离到开阔平坦，且远离高大建（构）筑物、围墙、电线杆塔、广告牌、江河岸边、危化品或有毒有害物质存储、山崩滚石、滑坡等灾害源的场地。

②判断是否撤离。对于远震、小震且环境空间建（构）筑物抗震性能较好的情况，没有倒塌的危险，是不需要马上撤离的，况且此时的撤离存在被高空坠物砸伤的危险。对于建（构）筑物抗震性能差或遭遇大震的情况，以及其他灾害建（构）筑物出现垮塌的迹象，能够逃脱时应迅速撤离。

③清楚能否逃脱。从感知到危险到建（构）筑物垮塌往往只有十几秒的时间，如此短的时间能否跑得出去是要提前思考的问题，因为地震摇晃起来跑不快，且可能门被挤住难打开，楼梯通道也是易破坏较为危险的区域。一般建议处在建（构）筑物地面边缘附近、单层房屋或者楼房的一二层的，应迅速撤离到空旷安全的区域。

④掌握撤离要领。震时撤离的目的，是在建（构）筑物倒塌之前迅速离开，既要求速度也要求安全，相比之下速度更重要，只有快速离开才是最大的安全。因此，在跑的过程中双手护头是不可取的，因为容易失去平衡而摔倒，延误逃离的时间，十分不安全。若是快走的方式撤离，则可以单手护头，单手保持身体的平衡。

（2）就近避险：

建（构）筑物基本没有倒塌危险的情况，或者是处于三层以上逃脱时间不够的情况，只能就近躲避危险，室内紧急避险的位置就是一旦发生垮塌较可能形成生存空间并且不易被坠落物或倾倒家具等砸中的地方。

①熟记安全空间。垮塌后室内容易形成生存空间的地方主要

有：厨房、卫生间等小开间的地方，桌椅、床、运动器械等固定坚固物件旁边或下面，内承重墙的墙根、墙角。应对自己日常所处环境的地震安全空间位置进行记忆。

②知道危险区域。地震时室内容易产生破坏的危险区域有：门、窗附近，阳台，楼梯通道，外墙、玻璃幕墙和围墙旁等。此外，容易坠落的吊灯、石材贴面等悬挂物、装饰物的下方，不稳定的柜架或家具旁，也是相对危险的位置。就近避险就是迅速离开危险的区域，躲避到相对安全的空间。

③采用正确姿势。到达室内安全空间后，蹲下，尽量蜷曲身体，降低身体重心，缩小面积，额头尽可能贴近或置于膝盖间，双手护颈、双肘护头，侧卧躺下或趴下。需要时单手护头，另一只手抓稳支撑物，或拿枕头、书包等软物护头，或用手帕、湿巾捂住口鼻。

（3）震后疏散：

当强有感或破坏性地震的振动停止后，就近避险的人员应向外疏散，离开建（构）筑物，因为此时建（构）筑物的损伤不明，且后续发生强余震或更强地震的可能性有待判定。

①有序疏散。按照疏散路线（与撤离路线基本相同），就近顺次有序地疏散，不必整队，不应奔跑，快步过楼梯和通道，防止发生拥挤踩踏。有单位组织的情况，应按照预案或者演练的步骤进行疏散和值守引导，到达疏散场地后应清点人数，确保人员无遗漏全部撤出。

②现场处置。疏散到指定场地后，及时查看有无受伤的情况，并进行必要的处理。对建（构）筑物采取临时封闭措施，防止人员擅自进入。适当开展一些地震知识、防灾安全等宣传教育和心理调节安抚工作，注重自我学习有关知识和自我稳定情绪。

③听从安排。注意收听收看政府媒体发布的信息，不听信、不传播地震谣言，发现扰乱社会秩序者及时报告。如果建（构）筑物出现裂缝或者倾斜等受到破坏的情况，需要专业人员鉴定后，才能确定是否继续使用。对后续余震趋势，听从政府或专业

部门的意见。疏散露营期间，注意防火防盗和饮食卫生，特别是饮水的安全，要服从政府组织的各项安排。

3）学会埋压中生存

不仅仅是建（构）筑物垮塌，滑坡、塌方、雪崩、踩踏等情况都可能导致人员被埋压，所以，通常我们要学习和知道有关在埋压中求得生存的知识。

（1）避免窒息：

一般情况下，脑缺氧超过 3 分钟，就会造成不可逆的脑细胞坏死直至死亡。被埋压的情况下，首先保证有氧呼吸、避免窒息至关重要。

①蜷曲身体。尽可能蜷曲身体，以保证胸部有足够的伸缩空间而不被挤压，挪开口鼻和胸部的杂物，用手臂和臂肘顶出一些空间满足肺部呼吸。用（湿）毛巾、衣布等罩住口鼻，防止或减少灰尘及有害气体吸入气管和肺里。

②掏出气道。寻找硬物工具和缝隙，用手挖、扒、捅、抽等方式，掏出与外界空气相通的气道，以能够获得较多的氧气交换，避免窒息。

③禁用明火。被埋压的环境很可能是一片漆黑，难免会有恐惧心理，要稳定情绪。不要使用打火机等明火进行照明，因为一是会消耗氧气，二是存在引燃泄露的可燃气体或其他可燃物的危险，可以使用手电等照明。

（2）受伤处置：

被埋压后多少都可能会受一些伤，需要及时进行自我救护处置。

①止血包扎。用纱布或布条对伤口进行止血包扎，止血的位置位于伤口的上方即近心端，且每隔 1 小时须松开让血液循环几分钟，避免下部肢体坏死。对关节处的包扎，要保证处于屈曲的“功能位置”上。

②骨折固定。寻找夹板、木棍、竹竿或树枝等作为临时固定

材料，要先止血，后包扎，再固定，包扎要松紧适度，骨突出部位要加垫，夹板长短与肢体长短相称，先扎骨折的两端，后固定相近的关节。

③重伤静止。受伤严重且不能自行处置的情况，如颈椎、腰椎受伤、肢体被重压动弹不得等，需停止动作活动、安静地自我养护，避免二次伤害。肢体埋压持续缺血超过8小时就会坏死，宜做自我绑扎，防止坏死组织代谢的物质进入血液回流，造成致死的“挤压综合征”。

（3）支撑空间：

在还能活动的情况下，要对自己的生存空间进行简单的支撑和加固，抵御后续可能的震动或再次垮塌。

①避开危险物。避开身体上方不稳定的倒塌物、悬挂物等可能坠落砸伤自己的危险物，或者直接将其清除掉。

②支撑废墟壁。用砖块、木棍等材料对残垣断壁进行支撑加固，防止强余震或进一步的垮塌造成新的伤害。

③尝试开通道。可以尝试性地排开障碍，开辟逃出废墟的通道。若开辟通道费时过长、费力过大或不安全时，应立即停止。

（4）保存体能：

在埋压状态下，保存体能、延续生命、等待救援是合理的选择。

①保存体力。不可大声哭喊，尽量安静养神，不做勉强的行动，不做较大较多的动作，尽可能保存体力。处于危险艰难的环境或者是身体虚弱的情况，要保持头脑清醒不能睡着，否则可能就睡死而不能醒来。

②维持生命。寻找身边的水和食物，并节约使用，水比食物更为重要，如有雨水等渗入，要尽可能找到器具接存下来，无饮用水时，要保存尿液饮用维持生命。

③敲击求救。使用砖瓦、石块等，敲击管道或梁柱，将求救信号传递出去。要有规则地敲击，例如“三长两短”的音讯，在嘈杂时加大敲击的次数和频率。

（5）懂得互救：

营救被埋压者，最有效的是靠幸存者，因为他们可以在第一时间展开营救。但需要保证自身的安全，并了解和掌握救助技巧。

①先察后动。先对救援环境进行认真的观察和判断，是否存在垮塌、有毒有害物质泄漏、漏电、火灾等危险，要在确定安全的情况下，才能开始营救。

②先易后难。先救容易救的好救的，先救没有受伤或者轻伤的，先救出的人要尽可能参与到营救他人的行动中。

③先头后身。先扒开被埋压者的头部和胸部，保证其有氧呼吸，再去扒下一个埋压者，因为最早期的营救主要是避免窒息而死。

④先保后救。对一时难以施救者，先保证其生命的延续，如提供空气、水、药品和食物等，使其能够存活下来，做好标记，不盲目施救，不造成二次伤害，必要时等待专业人员进行营救。对肢体被压住较长时间的幸存者，应先挂生理盐水以降低“挤压综合征”的发生概率。

案例　2岁女童扒银行填单台被砸身亡

2017年4月23日上午，河南信阳某银行，客户男子廖某带着2岁左右女童在营业厅办业务。起初廖某让女童坐在自己腿上，之后可能是填写单据碍事，就把女童放了下来，女童独自走到填单台边，双手攀附填单台，谁知填单台瞬间倒下，台沿儿正好砸在女童的胸前。廖某及银行工作人员发现后立即将填单台抬起，抱出被压的女童，并由廖某送往医院，由于女童胸部骨折伤势过重，在转院途中不幸身亡。

类似这种由于家具、雕塑、石灯柱、贴面（镜）等物体不稳定、不牢固和孩子攀爬的原因，导致其倾倒砸伤砸死儿童的事件时有发生，即便没有人攀爬，如果遇到地震摇晃，也很可能发生砸人的事情。因此，从中吸取教训：一是要认识到不稳定的重物存在发生倒砸致灾的风险；二是要将这些不稳定的重物进行固定，防止其易于倾倒，消除倒砸的安全隐患；三是处在新的或自己不能改变的环境中，观察是否存在重物倒砸的危险，并远离这样的物体，特别是带着孩子的情况。

4.2 遭遇火灾及毒气

火灾和有毒有害气体泄漏，是地震中最常见的次生灾害。除了地震之外，生活中也可能会遇到火灾及毒气的情景，需要掌握逃生技能和自救互救技巧。

1）火险隐患排查

燃烧需要具备火源、可燃物和助燃物三个基本条件，火灾的发生还需要具备燃烧的蔓延条件，有毒有害气体则来自于气源的泄漏或者燃烧、爆炸的释放。开展隐患排查处理，就是从源头上扼制灾害的发生。

（1）起火源：

由于可燃物和助燃物的客观存在特性，火灾预防措施的重要手段在于控制起火源。火灾往往还是爆炸、毒气的起因和导火索，因此，日常生活中事先对起火源的排查与处理非常重要。

①明火。炉灶、火柴、蜡烛、打火机等燃烧的火焰，应控制其使用，使用环境中要先移走易燃可燃物，并确认空气中基本不存在易燃易爆气体。在地震发生的瞬间，应首先立即关闭明火，在地震废墟或者临时帐篷中，严格控制明火的使用。

②暗火。点燃的烟头、发热的白炽灯、汽车排气管、发烫的充电宝等没有产生火焰的高温物体，应与易燃易爆或可燃物之间

保持安全的距离，必要时采取物理降温，以将温度控制在燃点以下。

③电火。电弧、电火花、静电火花、雷击放电等产生的热能，注意检查电路和电器的漏电、短路、老化等状况，及时保养维护更换，安装合格的漏电短路保护装置。电动车使用正规合格的电瓶，尽量避免涉水短路和长时间充电，放置在规定场地或者空间上与易燃可燃物进行安全隔离。

④光照。日光聚焦等情况下产生的热能，避免矿泉水瓶等类似透明凸透体的物品在阳光下产生聚焦作用，尤其不要放在床边窗台或车内玻璃窗下，也不要阳光可能的聚焦点上摆有易燃物品。

（2）爆炸源：

日常生活中的爆炸源并不多见，但是一旦发生爆炸对人的伤害较大，需要提防和排查处理。

①遇火爆炸。炸药、烟花爆竹、燃气、酒精或汽油挥发气、气雾剂、花露水、可燃粉尘等遇明火都可能会发生爆炸，应注意这些物品和使用过程中避免遭遇明火，采取措施与可能的起火源进行安全隔离。

②压力爆炸。超期服役煤气罐、不洁压力锅、充气轮胎、气球、老化热水袋、密封冰可乐、遇热打火机、微波加热物等因压力变化会发生爆炸，应当注意这些物品的使用期限、使用方法和使用故障，及时及早进行安全处理。

③电热爆炸。挤压充电宝、不当使用充电电瓶、非正规电暖袋等在使用过程中发生内部短路而导致爆炸，应购买正规厂家生产的合格产品，不要使用“三无”产品，充电器材也应符合标准规定。充电时放置的位置与易燃可燃物分开，一旦发现发烫、冒烟的情况，及时断电，并可采用物理降温的方法防止爆炸。

（3）毒气源：

日常生活中有毒有害气体常见于燃烧所产生的烟气或者自然发酵后的累积，对人体造成窒息或者伤害，需要对毒气源进行排查处理。

①燃气煤气泄漏。煤气中毒的事件经常发生，其原因在于煤气的泄漏或者是密闭空间内的不充分燃烧。应经常对天然气、煤气通过的管道和器具进行检查，特别是老化的橡胶或塑料管。另外，无论是何种燃烧，都要检查保证所处空间的通风条件，不得在密闭空间内燃烧（包括汽车发动机运行）。

②有毒材料燃烧。大部分塑料、装修材料等物质在燃烧的情况下都会释放有毒气体，在可能的起火点附近或者易燃可燃空间内，尽可能避免放置大量的有毒物质材料，必要时应配置消防扑救器材。

③腐败气体积聚。常见于井、窖、池、窨、坑等地下四周相对封闭的空间内，由于腐败物质产生的有毒有害气体的长时间积聚，轻易进入就会中毒窒息，对这些空间要注意排查和标识、警示，特别是在农村地区，要严加防范和及时处理。

2）初期正确处置

火灾及毒气的产生，都存在从无到有、由小到大的演化发展过程，在其初期阶段是消灭灾害的最好时机，需要迅速做出正确判断和有效处置。

（1）正确判断火情：

对初期火灾及毒气的判断至关重要，直接影响随即展开的处置行动，需要从以下几个方面进行判断和把握。

①起点和风向。迅速判明灾害的起始地点和发展方向，明白自己所处的位置，把握靠近扑救的安全通道。

②灾势的大小。初期火灾一般指火灾的前 15 分钟，地震若引发并形成较大的火灾，一般在地震发生后的 20 分钟左右，可以从时间上和火焰或毒气浓烈程度上判明灾势的大小，即是否处于初期阶段。

③潜在的危险。判断火灾及毒气点附近是否存在爆炸、燃塌、窒息等危险性，是否存在火势突然迅速扩大的危险。

（2）采取有效扑救：

在火灾的初期阶段，初起烟雾大，可燃物质燃烧面积小，火焰不高，辐射热不强，火势发展比较缓慢，这个阶段是灭火的最好时机。

①就近取材。当刚发生火灾时，应争分夺秒，奋力将小火控制、扑灭。在身边没有灭火器可使用的情况下，要就地取材，湿布、锅盖、食盐、沙土等都可以做灭火剂使用。根据物质燃烧的原理，灭火的基本方法有隔离法、窒息法、冷却法和抑制法四种。

②方法得当。学会灭火器和室内消防栓的使用。万一发现了燃气泄漏，千万不要触动任何电器开关，更不能用打火机、火柴、手电筒照明检查，也不能在场所内打电话报警，首先应迅速关闭气源，然后打开窗门，让自然风吹散泄漏气体。一般电气线路、电器设备的火灾，首先必须要切断电源，只有当确定电路或电器无电时，才可用水扑救，在没有采取断电措施前，千万不能用水、泡沫灭火剂进行灭火，对于电视机、微波炉等电器火灾，在断电后，用棉被、毛毯等覆盖住着火的电器，防止电器着火后爆炸伤人，再把水浇在棉被、毛毯上，才能彻底进行灭火。

③及时报警。一旦发现火情，既要积极扑救，又要及时报警。要说清起火单位及其街、路、门牌号；要说清着火物品和火势大小，是否有人被围困；要讲清报警人的姓名、所用电话的号码。

（3）做好自我保护：

在火灾、毒气发生的初期，及时有效扑救固然重要，但同时应做好自我保护，避免发生自身伤害、扩大灾情。

①撤退求援。如果火情发展较快，火势越烧越大、无法控制，要迅速撤离逃离火场现场，向外界寻求帮助。

②安全第一。在火场上无论是灭火还是救人，保证自身安全应放在第一位。根据火场情况，有时先救人后灭火，有时为救人先灭火，有时救人与灭火同时进行。对于能一举扑灭的小火，要

抓住战机迅速消灭；当火势较大，灭火力量相对较弱，不能立即扑灭时，要把主要力量放在控制火势发展或防止爆炸、可燃物泄漏等危险情况的发生上，防止火势扩大，为消灭火灾创造条件。

③先保重点。人和物相比保护人是重点，贵重物资和一般物资相比，保护和抢救贵重物资是重点。控制火势蔓延的方向应以控制受火势威胁最大的方向为重点，有爆炸、毒害、倒塌危险的方面与其他方面相比应以危险的方面为主。火场上的下风方向与上风、侧风方向相比下风方向是重点，要害部位与其他部位相比要害部位是火场保护重点，易燃可燃物集中区域与一般固体物资区域相比前者是保护重点。

3）火场境地求生

一旦火灾降临，在浓烟毒气和烈焰包围下，不少人葬身火海，也有人死里逃生。其中最根本的一点是要提高人们火场疏散与逃生的能力。

（1）通道逃生：

燃烧猛烈时，烟气的蔓延扩散速度远高于人行走的速度，选择正确的逃生路线和逃生通道能够快速撤离尤为重要。

①路径通道。要熟悉和记住所处环境中的疏散路线、通道和安全出口的位置。在发生火灾的情况下，要到门口用手背轻轻地触摸一下铁门把，如果门把很烫，这时千万不要开门；若门把不烫，则用脚抵住门下方，防止热气流把门冲开，打开一道缝以观察可否出去，初步判断下烟雾和火光的大概位置，选择合理的逃生路线，千万不能乘坐普通电梯进行逃生。如果疏散通道被堵或浓烟太大，应就近选择窗户、阳台等逃生或者先撤离到邻近相对安全的另一单元再逃生。

②动作姿势。火场逃生时，应尽量使身体贴近地面，靠着支撑作用的墙边弯腰低姿前行。当需要穿过浓烟逃生时，应该先将衣物或棉被浸湿，用它们来保护头部和身体，同时用湿毛巾捂住口鼻，毛巾对折八层效果最佳。如携婴儿撤离，可用湿布蒙住婴

儿的脸，用手挟着，快跑或快爬而出。

③借助工具。利用一切可以利用物品用作自我保护、开辟疏散通道。可借助绳索、消防水带、床单或窗帘拧绳打结、外墙管道等快速逃生。二楼低层跳离，跳前先向地面扔一些棉被、枕头、床垫、大衣等柔软的物品，以便“软着陆”。车内要大力推、拉、扒或撬开车门，用安全锤或坚硬的物品将玻璃窗户砸破，快速逃离。

（2）阻断求生：

根据调查统计，火灾现场死亡人员中，多数人不是被烧死的，而是吸入有毒有害气体窒息而死的。原因之一是逃生通道和时机选择错误，并对自己逃出的速度能力高估；原因之二是逃生保护方法有问题，很多浓烟的情况下，“使用湿毛巾捂口鼻”实际上并不能防止窒息。此时，最好的方式就是先阻断火焰浓烟的进入，等待救援或者想方逃生。

①封闭阻断。在无路逃生的情况下，可利用卫生间等暂时避难，并用布条等将迎火门窗的缝隙塞紧封闭，尽量敞开非火面的窗户。要用水喷淋迎火门窗，把房间内一切可燃物淋湿或者扔掉，延长时间。在暂时避难期间，要主动与外界联系，以便尽早获救。

②驱毒保氧。处于或者进入封闭区域时，尤其是井、窖、池、窨、坑等地下空间，要先将可能存在的有毒有害气体驱散，保障正常呼吸的氧气供给，并做好自我保护和外界救援的条件准备。

③警戒禁入。对于火灾、毒气现场，要实行戒严警戒，防止一些人员因为钱财、亲人等原因，擅自冲进或者返回十分危险的灾害场地而造成无谓的伤亡。

（3）火伤救生：

要懂得火伤相关的自救互救的技巧和正确处理方法，当受到火伤或者热辐射等伤害时，能够第一时间展开有效地救助，保障生命安全。

①烧伤。当身上着火时，切不可带火奔跑，应设法把衣服脱掉，如果一时脱不掉，可把衣服撕破扔掉，也可卧倒在地上打滚，把身上的火苗压熄或想法淋湿衣服或就近跳入水池，旁人可以用湿被子等先助其熄灭掉身上的火焰。

②烫伤。一旦发生烧烫伤、电击伤等热辐射伤害，一定要先用冷水冲洗 15～20 分钟，把热气带走后，再剪掉覆盖伤口的衣服。另外，在用冷水冲洗之后，应该赶紧送去医院，千万不要自己用偏方治疗，因为处理不当极其容易发生后期感染。

③中暑。在炎热高温季节或高温、高湿通风不良环境下、汗腺功能障碍等情况容易发生中暑，其中年老体弱、产褥期女性及患有心脑血管疾病等基础病的患者和学生人群易发多发，中暑最严重的类型称之为热射病。发生中暑情况，应立即将患者转移到阴凉通风处或电风扇下，也可以泼水降温，给予清凉含少量盐的饮料，体温高者给予冷敷。若已失去知觉，可指掐人中、合谷等穴，使其苏醒，保持呼吸道畅通及供氧，若呼吸停止，应立即实施人工呼吸，并立即送医院诊治。

④煤气中毒。即一氧化碳中毒，是含碳物质燃烧不完全时的产物经呼吸道吸入引起中毒。在密闭环境中燃烧的情况（烧炭、燃气、汽车动力等）易发多发煤气中毒，在可能产生一氧化碳的地方安装一氧化碳报警器或者保持空气流通可避免或者预防。发现煤气中毒的情况，应迅速将病人撤离中毒现场转移到空气新鲜的地方，将中毒者衣领、裤带松开，平躺休息，关键要注意保暖和保持呼吸道通畅，如有呕吐，应及时清理口鼻内的分泌物，如有窒息或心脏停跳应立即人工呼吸或胸外按压。

案 例　杭州保姆纵火致母子 4 人身亡

2017 年 6 月 22 日凌晨 5 点左右，在浙江杭州蓝色钱江小区 2 幢 1 单元 1802 室发生纵火案，该事件造成一位母亲和三个未成年孩子（2 男 1 女）4 人死亡。据犯罪嫌疑人该户保姆莫焕晶供述，凌晨4时55分左右，其在客厅用打火机点燃茶几上的一本书，扔在布艺沙发上导致火势失控，后逃离现场，造成女主人及其3名子女吸入一氧化碳中毒，抢救无效死亡。

造成4人死亡的主要原因，除了保姆因贪财邪恶心理人为纵火外，与母子女4人当时没能及早出逃和躲避措施不当有关。5时04分左右，杭州消防指挥中心接到女主人报警“不知道，不知道什么东西烧起来了！赶紧，我们这房间里都是烟！火大起来了，快点！快点！”“我出不来。你快点，快点进来，快点！”，4人躲避到女孩房间小窗户附近，而小窗户打开的缝隙仅有几公分，最终因缺氧和吸入浓烟全部身亡，救援现场发现该房间并没有燃烧过火。

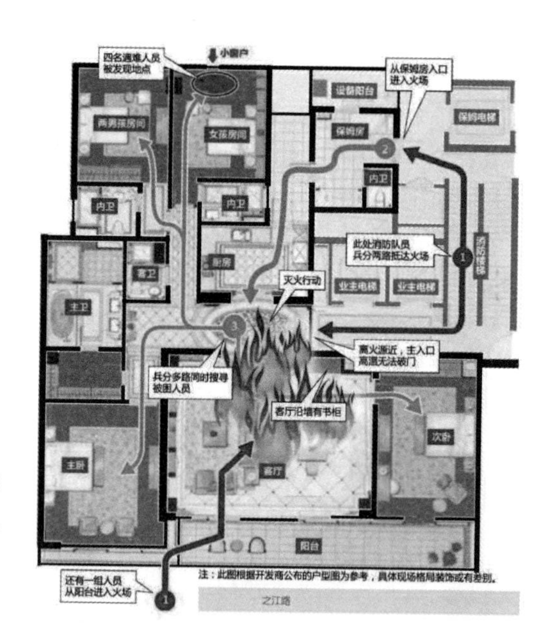

2017年6月22日杭州保姆纵火致母子4人身亡

<u>该事件带给我们的警示：</u>一是要认清身边的人，发现品

行不端者或属于负面心理人群果断辞退或摆脱关系，免除后患；二是要早做判断，发现是火灾初期应尽快逃离或者扑灭或者控制其蔓延，若无法控制且难以逃脱，则选择正确的空间躲避；三是要采取合理的躲避行动，该案例情况应选择有外窗和水源的卫生间，躲进后关闭房门塞严门缝并向门上泼水，尽可能大地打开窗户，即便是如图躲进女孩房间，应带进一桶或一盆水，密封房门，打碎窗户玻璃，求得生存、等待救援。

4.3 遭遇落水和冲撞

大地震发生后，常常会造成滑坡、地裂、地陷、砂土液化等地表破坏现象，从而可能导致堰塞湖、溃坝等水灾隐患，并且地面摇晃、海底升降运动还会发生库湖水体动荡、海啸等情况。除了地震之外，气象洪水也是常见的灾害，在水流的作用下人们最容易受到溺水和冲撞的危险。

1）避开危险水域

避开危险水域或可能受水流冲击的区域，是预防涉水危险的简易有效方式，这就需要事先能够识别危险的水域和区域。

（1）水面危险：

一些水域危险的现象就在水体表面显而易见，容易识别，遇到该情况时不能抱有侥幸心理，应当与之保持距离，不进入危险境地。

①警示牌。对于设立了警示牌的水域，要遵守警示告诫，不得贸然行事。因为既然树立了警示牌，就一定有危险存在或者发生过危险事件。

②离岸流。又称回卷流、冲击流，是自海岸经波浪区向海中

流动的一股狭窄而强劲的水流，它与海滩垂直流向海洋。离岸流呈现为狭窄而浑浊的条状水流，沙洲缺口处是离岸流的多发区。一旦被离岸流带离浅滩，很难与之对抗游回岸边，往往因力竭而溺水，因此要远离其所出现的区域。

③翻滚旋涡。水面上有翻花冒泡、水流滚涌或者旋涡的地方，其水底可能存在坑道、窨井、管路等，属于危险的水域，不可靠近。水流湍急、滚坝、瀑布处等也是显而易见的危险水地。

④岸边湿地。岸边地带往往水苔、杂草发育，湿滑难料，容易发生意外落水。另外，岸边的淤泥沼泽区域，一旦陷进难以自拔。因此不要到岸边湿地散步、游玩。

⑤强对流天气。强对流天气都是风大雨急雷电交加的雷雨大风天气，此时处在水面区域无疑十分的危险。此外，阴历初一或十五前后天文大潮期间，台风来临、风大浪高之时，海边水域也是相当的危险。

（2）水下危险：

水面之下常常暗藏着各种危险，是水面上不易观察到的，进入这样的水域需要格外小心和注意，尽量不去涉足。

①绳草。水中水下的网线、绳索、杂草等可能会缠住入水者的肢体，自行难以解脱，构成危险因素，需要谨慎加以防范。

②泄口。较深的底部正在使用的泄水孔、洞、口，水面上不易被察觉，一旦处在其附近很容易被水流吸住，动弹不得，应避免接近。

③坑沟。挖沙等造成的水下沙坑、河道拐弯水流冲刷形成的暗沟等，都是危险的水域，陌生水域不了解情况下，不可轻易进入。

④生物。水中对人类构成威胁的生物有很多，小到病毒、细菌、蚂蟥等，大到水蛇、水母、鳄鱼、鲨鱼等等，常常是防不胜防，需要涉入者格外警觉。

⑤漏电。水底安有泵、灯、喷泉、音响等情况，其电线、管线老化或破损等就会造成短路，从而发生漏电的危险，介入这样

的水域要有敏感的戒备之心。

（3）潜在危险：

潜在危险只是存在危险的可能性，尽管构成威胁但未必一定会发生，对于水患来说还是要做好预防。

①山洪。暴雨或持续强降雨的天气容易引发山洪，平时注意收听、接收极端天气的预警信息，避开山洪易发多发地段和山谷洪积扇口。

②垮坝。堰塞湖、特大洪涝堤坝等具有垮塌的可能，其下游区域就成为了潜在的危险区域，应及时避开和疏散。

③泄洪。上游存在水库和河道，一旦水库泄洪又没有事先得到警报的情况，河道内就是危险区域，应事先有所防备。

④海啸。海底的大地震发生后或许会引发海啸，强烈地震波的剧烈摇晃也会使岸边水位出现大幅波动，当收到海啸预警信息或者感觉到地震动时，应及时远离海边、水岸等危险地带，向高处快跑。

⑤魔地。有些水区发生过多起溺亡事件，这些区域会被当地群众形容为“很脏”，也就是魔地，从科学角度看肯定存在一些潜在的危险因素，应尽量避免进入这样的水域。

2）避免冲撞伤害

人在运动过程中容易受到伤害，尤其是不由自主、随波逐流的情况，这种伤害主要来自于对人体的冲撞，紧急情况下需要及时采取果断的动作技巧，保护自己不受或减少伤害。

（1）流动作用：

在水流或者泥石流等流动性物质的推动作用下，人体会难以进行自身的控制而受到冲击、撞击，十分危险，应采取自我保护措施。

①抓住。尽可能抓住不流动的树枝、绳杆等，垂直于物质流动方向用力向边上移动，争取离开危险区域。抓住一些木材、泡沫板等漂浮物，尽量浮在水上，等待机会再逃脱。处于人流拥挤

可能发生踩踏危险的情况，也是先考虑抓住电线杆、树干、墙柱等固定物，再脱离拥挤的人群。

②稳住。想法设法移动到相对稳定或者流动性小的地方，如露出水面的孤石顶上或背向，以求能够让自己稳住而等待救援。先抱住固定物再移动，或者是在流动中找准机会奋力躲避到稳定区域。

③护住。在流动物质的冲击作用下，对人身危害最大和最致命的是伤害头部和挤压胸部，包括密集流动人群中的踩踏情况，此时要注意保护头部及保证胸部的呼吸空间，较有效的作法是双手护头护颈、双肘护胸，身体弯曲，最大限度护住头部和胸部。

（2）惯性作用：

人在流动漂浮载体上或者乘坐交通工具的运动中，自身具有一定的惯性，在惯性作用下可能发生碰撞而造成伤害，遇此情况要做好自我保护。

①想方脱身。找准机会向运动体的侧后方向逃脱，切不可向前进方向脱离，并要注意用力猛蹬尽量远离和保护头部别在逃离中受到伤害。

②抓牢抵住。在没有逃脱的机会情况下，要抓牢和抵住运动体，避免与之做剧烈的相对运动，同时保证自己的身体有一定的缓冲空间。

③保护头部。在用肢体稳牢自己身体的同时，要最大限度地保护好头部面部，且要低头和蹲下，放低重心。

（3）重力作用：

失足跌落或者乘坐电梯等载体失控的情况，在重力的作用下人体会加速坠落，处于相当危险的境地，需要采取果断的措施减少伤害。

①张臂。坠落的初期速度还不大，要张开手臂尽可能抓住固定支撑物，使身体停止下落，摆脱危险困境。

②转向。在快速坠落的过程中，使用肢体动作改变方向和轨迹，尽可能转向相对安全的区域，并设法使得阻力最大，且确保

着落时不要头部冲下。

③团身。临近落地或者封闭空间内不知道什么时间落地的情况，应低头、团身、曲卷身体，电梯内要站立成“之”字型并设法靠住箱体（尽量避免与其相对运动）。

3）水中自救互救

溺水是十分常见常遇的危及生命安全的事件，除了预防之外，一旦落水遇险后的自救互救技巧也很重要。

（1）水中自救：

水中最直接威胁生命的因素就是窒息，人在窒息的情况几分钟就会停止心跳，因此，意外落水时先要靠自己救自己，最重要的是保证呼吸通畅。

①不会水。应保持镇静，别害怕下沉，千万不要手脚乱蹬，拼命挣扎，这样只会使体力过早耗尽，身体更快下沉，尤其是对不会水或者不熟水性的人。落水后屏住呼吸，踢掉双鞋，然后放松肢体等待浮出水面，停止下沉并上浮时，双臂掌心向下顺势划水，并尽量保持仰位，使头部后仰，让口鼻浮出水面进行呼吸和求救，呼气要浅，吸气宜深。切记不要尝试把整个头部伸出水面，这样很危险，对于不会游泳的人来说只会打乱平衡使自己紧张和被动，不要试图不让自己再次下沉，如果再次下沉就照原样再做一次，如此反复。

②被缠住。在水中被水草等物缠着了，不要乱抓乱踢，很可能就是因为乱踢乱抓而使自己越缠越紧、越陷越深。这时候如果可以应该仰浮，一手划水一手解开水草，也可深吸一口气潜入水中，快速解开水草，然后原路返回，别再到处乱游。

③腿抽筋。在水中当手脚抽筋时，如果暂时离不开水面就改用仰泳式体位，对患处进行按摩、牵拉或按捏，要是还不奏效就用能动的手脚划到水岸。若是感觉体力不支时，仰泳手脚轻轻划水，调整呼吸全身放松，稍微休息再向岸边游去，或是等待救援。

④遇旋涡。江河水库中还可能遇上旋涡，这时应该以最快速

度沿着切线方向大力游离旋涡中心。处于旋涡边缘处已接近旋涡，应立刻放平身体俯卧浮于水面上，沿着旋涡边，用爬泳的方法借力顺势快速摆脱旋涡，身体必须平卧在水面上，切不可直立踩水或潜入水中。万一被卷入水下，也要在入水前深吸一口气，尽量蜷缩身体避免要害部位撞在障碍物上，在水下寻找生存的机会，用力扒拽拉固定物以脱离旋涡的吸力。

⑤车厢内。车辆落入水中都会有一个沉没的过程，留在车厢内基本是死路一条，应抓住时机电话求救并快速逃出厢体。立即解开安全带，然后打开电子中控锁，一定要及时全力打开车窗车门逃生，万不可以因为害怕灌水而关窗，出车后尽量站在车顶以便于呼喊救援。如果电动门窗处于失效状态无法打开时，就要等水慢慢渗到腰部左右的位置时再打开车门，或者选择击碎玻璃破窗逃出，也可以打开天窗及以机械方式开启后备箱逃生。

（2）水边救援：

对落水者的救援，首先要保证自身的安全，首选的营救方式最好是非直接身体接触，使用一些工具、策略达到成功救援的效果。

①拉拽。使用绳索、竹竿、木棍甚至鱼线等，拉拽落水人员，可以一手抓牢岸边稳固物、另一手进行拉拽。

②漂浮。将救生圈、泡沫板等漂浮物投掷给落水者使用，紧急情况要就地取材，可以用两个拧紧的空矿泉水或饮料瓶，用塑料袋扎好当作救生漂浮物使用。

③抢救。溺水者上岸后，不需要控水，尽快帮其清理出口鼻内的污物，失去心跳呼吸要马上进行心肺复苏术，按压及人工呼吸需持续做半个小时以上或者直至恢复自主呼吸心跳，同时要电话呼叫附近医院急救。

（3）水中救助：

水性不好的，不能冲动轻易进入水中实施救助；水性好的，在利用器材水边救护无果的情况下，才进入水中救助，但要准确判断位置、掌握要领、做到安全救护。

①自我保护。入水前自己或请人拨打救援电话，尽可能携带漂浮物、绳索、杆子等，条件允许则将绳索一端系住岸边固定物或交给他人。海边离岸流等类似的情况，可以众人手拉手组成人链进行救援。

②控制对方。要控制对方，切记不要被溺水者缠住。应迅速从背后或一侧接近，若溺水者面向自己时，应离溺水者 2 米处潜入水中，抓住溺水者的身体向上推转，使其背向自己拖带上岸。对已经深入水中的溺水者，首先要看清出事地点，然后迅速跳入水中，在出事水域潜入水中寻找。

③摆脱危险。被溺水者抓住两手时，用力握拳，使其大拇指迅速扭转方向，即可解脱。被溺水者从后方拖住时，先用右手握其左手腕，左手握其右肘，将头从溺水者腋下脱出。将溺水者仰卧，面部露出水面后，两手托其下巴或腋窝，仰泳法拖带上岸。用一手通过溺水者肩部，扶其腋窝或通过腋窝托其腮部，侧泳法把溺水者拖带上岸。如果体力消耗得较多的情况，应先保障自身的安全，不能等到自己一点力气都没有时才放手。

案例　湖南宁乡泥石流 9 人遇难

长沙宁乡市沩山乡地处宁乡西部山区，为高山小盆地地貌，泥石流等自然灾害多发，而当地居民多依山傍崖而居。2017 年 6 月 30 日，长沙境内持续降暴雨，接县、乡两级政府部门通知，村支书杨明元和其他村干部一起组织全村 584 户村民撤离至乡镇避难点。次日中午，59 岁的村民周某香见雨已停，便强行带着孙儿孙女回家取值钱的东西。周某香到家没多久，就出事了。一二十个村民自发前去营救，到达周家大家一看傻眼了，周某香家后的山塌了半边，把他们家的楼房给埋了。在山脚下，周边村民见她被埋，一心只想着上去施救。“这太危险了！我看周爱香生存可能性不大了，是否等情况稳定了再开展施救工作？”村支部书记杨明元在现场建议。“说不定还有希望”人群中有村民回应。村民救人心切，一齐冲了上去挖泥土救人，杨明元见状也赶紧带干部跟上去。不料，还没开始施救，第二次泥石流突然就来了，而且比第一次更猛，泥石流的速度实在太快了，很多人还没反应过来就被埋了，一块几十吨重的巨石都被冲到数百米远，山下的8栋房屋和一块田地被摧毁殆尽。杨明元也没跑得赢，直接被冲到一两百米外的一块玉米地里，“泥石流就像一阵强劲的洪流，幸亏我会游泳，而且没有石头砸到我”杨明元说自己命大，马上就从泥潭里爬出来了，并立即开展救援工作。当时参与救援的20多人被埋，周某香和另外8人身亡，19人不同程度受伤，周某香的孙儿孙女却奇迹般地在这场灾难中活了下来。

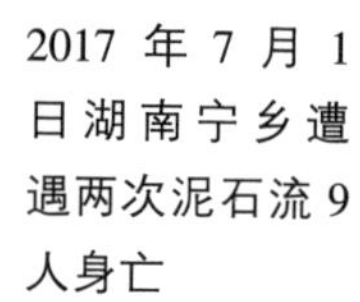

2017年7月1日湖南宁乡遭遇两次泥石流9人身亡

该事件带给我们的警示：一是要将居所建造在离开山崩、滑坡、泥石流等灾害多发的地域，特别是山区的农村住宅；二是要认真听取天气预报、灾害预警等信息，服从当地干部指挥，营救他人前必须先确定不存在对自身生命构成危险和威胁的因素；三是要采取科学的救援行动，特别是在类同本案例的紧急情况下，一定要采取一些必要的保护措施，比如安排人员警戒放哨、设置紧急避险空间、救援人员系上防护绳等等。

4.4 遭遇电击或爆炸

大地震会造成对构筑物及地表的破坏，从而可能进一步产生电击、爆炸等情况。除了地震之外，电击或者爆炸也是生产生活中常见的危险危害，包括雷电灾害。

1）雷击

雷电是强对流天气中的常见现象，云层中积累了大量电荷，对大地产生放电即形成雷击，其对建筑物、电子电气设备和人、畜危害甚大。

（1）提前预防：

雷电电流平均约为2万安培，电压大约是10的10次方伏（人体安全电压为36伏），一次雷电的时间约为千分之一秒、平均功率达200亿千瓦，威力巨大，提前预防是为上策。

①工程预防。高大建筑物及有关设备设施，必须按照规范要求安装避雷装置，防御雷击灾害。自家电路应安装过压和漏电保护装置，最科学的方法是在家中安装避雷器。

②户外预防。雷电天气尽量减少外出活动，出门要穿胶鞋，不要拿着金属物品在雷雨中停留，随身所带的金属物品应放在5米外的地方，不要使用手机，在雷雨中不宜打伞，也不宜将羽毛球拍等扛在肩上。

③室内预防。打雷时，首先要关好门窗，离开进户的金属水管和与屋顶相连的下水管等。尽量不要拨打、接听电话，或使用电话上网，应拔掉电源和电话线及电视天线等可能将雷击引入的金属导线。不要使用太阳能热水器洗澡，不要将晒衣服、被褥用的铁丝接到窗外、门口，以防铁丝引雷。

（2）应急脱险：

一旦遭遇本地雷电，即闪电与雷鸣时间间隔很短，雷声大而尖锐，或者雷电有从远到近的发展趋势，应尽快脱离易遭受雷击

的危险区域。

①躲避高尖。远离孤立的大树、高塔、电线杆、广告牌等，躲开潮湿或空旷地区无避雷设施或避雷设施不合格的建筑物、烟囱、储罐等。

②远离水面。立即停止野外游泳、划船、钓鱼等水上活动，水面区域导电好、电位低易遭雷击，应远离水面及湿地。

③小心移动。不要在空旷的野外停留，在空旷的野外无处躲避时，应尽量寻找低洼之处（如土坑）藏身，或者立即下蹲，降低身体高度。不要骑电动车或摩托车快速移动行驶。

（3）遇险施救：

被雷击中会出现身体伤害，皮肤被烧焦，鼓膜或内脏被震裂，心室颤动，心跳停止，呼吸肌麻痹等，需要附近的人立即进行现场施救。

①心肺复苏。对被雷击中心脏停跳的人员，应立即采用心肺复苏法抢救。将伤者就地平卧，松解衣扣，尤其文胸和腰带等，实施口对口呼吸和胸外心脏挤压，坚持到伤者醒来为止。

②按压穴位。手导引或针刺人中、十宣、涌泉、命门等穴位，直至伤者苏醒。要注意给伤者保温，若有狂躁不安、痉挛抽搐等精神神志症状时，还要为其作头部冷敷。

③送医急救。呼叫救护车或送医抢救，在送往医院的途中根据需要继续进行人工呼吸和胸外心脏按压，对电灼伤的局部，只需保持干燥即可。

2）触电

触电是日常生活中经常发生的会对人体产生伤害的事件，但也是比较容易防范的。

（1）自救：

触电自救主要体现在自我预防上，事先掌握防触电知识，了解危险境地，时刻警惕发生触电的可能性，都是自救的关键要素。

①主动远离。钓鱼、放风筝、搬运等涉及高空的活动要远离高压电线，下雨及潮湿路面注意与广告牌、照明或景观灯、电线杆等涉电设备保持安全距离（一般20米以外），特别是暴雨过后路面冒热气、感觉发麻的地段应主动避开，不要或小心接近在用的人工喷泉、水泵等设施。

②自我保护。工作和生活场所应当安装防漏电短路保护装置（开关），操作涉电的器材应先行断电或者确保绝缘保护，使用试电笔检测，必须用手直接触摸时要用手背而不是手掌心，不要用湿手或湿抹布触碰电线、开关、插销等电源部件，各类电器的三相电源插线应保证连接正确和接地（0线）安全。

③消除隐患。正确使用保险丝，不可用铜丝或铁丝替代，保险丝熔断或保护开关跳开的情况应查明原因，对老化破损的电线、老旧的电器等要进行维护和保养，特别是电热水器需定期检查，电线线路应规范、整齐，室内装修需保存电路走线图，家有儿童的情况还需要防备低矮的插座、台灯等危险，从源头上消除各种可能的触电隐患。

（2）互救：

触电现场救治应争分夺秒，采取最安全而又最迅速的办法就是切断电源或使触电者脱离电源。

①切断电源。若触电发生在家中、车间、场馆等电源开关附近，应迅速关闭电源开关、拉开电源总闸刀；若在野外或远离电源开关的地方，尤其是雨天不便接近触电者以挑开电源线时，可在现场20米以外用绝缘钳子或干燥木柄的铁锹、斧头、刀等将带电电线斩断。

②脱离电流。用干燥木棒、竹竿等将电线从触电者身上挑开，并将此电线固定好，避免他人触电；若触电者不幸全身趴在铁壳机器上，抢救者可在自己脚下垫一块干燥木板或塑料板，用干燥绝缘的布条、绳子或用衣服绕成绳条状套在触电者身上将其拉离电源。

③注意绝缘。必须严格保持自己与触电者的绝缘，不直接接触触电者，选用的器材必须有绝缘性能。若对所用器材绝缘性能无把握，则在操作时，脚下垫干燥木块、厚塑料块等绝缘物品，使自己与大地绝缘。在下雨天气野外抢救触电者时，一切原先有绝缘性能的器材都因淋湿而失去绝缘性能，因此更需注意。野外高压电线触电，注意跨步电压的可能性并予以防止，最好是选择20米以外切断电源，确实需要进出危险地带，需保证单脚着地的跨跳步进出，绝对不许双脚同时着地。

（3）抢救：

当人体接触电流时，轻者立刻出现惊慌、呆滞、面色苍白，接触部位肌肉收缩，且有头晕、心动过速和全身乏力。重者出现昏迷、持续抽搐、心室纤维颤动、心跳和呼吸停止。有些严重电击患者当时症状虽不重，但在1小时后可突然恶化。有些患者触电后，心跳和呼吸极其微弱，甚至暂时停止，处于“假死状态”，因此不可轻易放弃对触电患者的抢救。

①心肺复苏。对呼吸微弱或不规则、甚至停止，而心搏尚存在者，应立即口对口人工呼吸，或仰卧压胸、俯卧压背式人工呼吸。对心搏停止，而呼吸尚存在者，应立即行胸外按压，对心室颤动者，有条件时应行非同步直流电除颤。心跳、呼吸骤停者即刻予以心肺复苏，并建立有效通气与给氧。

②创伤处理。体表电灼伤创面周围皮肤用碘伏处理后，加盖无菌敷料包扎，以减少污染，或者保持干燥。若伤口继发性出血，应给予相应处理。有骨折者应给予适当固定。

③送医急救。心跳恢复或在有效心脏按压同时转送医院。电损伤可能存在内伤和并发症及后遗症等情况，需要送医进一步检查和治疗。

3）爆炸

爆炸是在极短时间内在周围介质中造成高压的化学反应或状态变化的现象，爆炸的破坏性极强。地震破坏可能导致易燃易爆物质泄漏继而发生爆炸，爆炸是地震中较常见的次生灾害，日常生活中也时有发生。

（1）爆炸种类：

按照不同的指标，对爆炸有多种分类方式。从日常预防的角度，考虑初始能量，主要讨论以下三种。

①物理爆炸。由物理变化如压力等因素引起的，在爆炸的前后物质的性质及化学成分均不改变。例如锅炉、储气瓶、压力锅、充气轮胎、气球等等的爆炸，其破坏性取决于蒸汽或气体的压力。

②化学爆炸。由化学变化造成，在外界一定强度的能量（常见火源）作用下，产生剧烈的放热反应和物质的变化，造成高温高压冲击波从而引起强烈的破坏作用。多数的化学爆炸都有燃烧现象，例如可燃气液体、炸药、可燃粉尘及遇水产生可燃气体的固体等等所发生的爆炸。

③电爆炸。电能转换为机械能或者热能的情形，水下放电、雷电、电火花等产生的冲击波、火球等，带有充电性质的电源器材发生的爆炸，例如充电宝、各种可充电电瓶、电池等所发生的爆炸。

（2）日常预防：

对爆炸的预防，首先是识别危险的爆炸源，定期进行排查排除，合格合规操作，注意火源与爆炸源的安全分隔。

①控制压力临界点。对压力因素导致的爆炸，要注意控制压力在临界范围之内，对于压力容器不合格、老化、破损等情况应及时处置。

②降低可燃物浓度。爆炸性混合物一般要超过一定的浓度遇火源才会发生爆炸，要注意降低可燃混合物的空间存在的浓度，及时进行通风驱散或者充进大量惰性气体等处理。

③封闭或隔离空间。控制爆炸物在相对封闭的空间内，与碰撞、挤压、火源等进行有效的安全空间的隔离，对其温度升高的变化应及时采取冷却降温措施。

（3）应急要点：

炸药、混合煤气等爆炸物有些特殊的气味，嗅到周围爆炸混合物的存在应立即躲避，遇到爆炸袭击的情况，需要有快速的应急反应。

①卧倒掩蔽。立即卧倒趴在地面不要动，或手抱头部迅速蹲下，或借助其他物品掩护，迅速就近找掩蔽体掩护。

②保护呼吸。爆炸引起火灾、烟雾弥漫时，要用棉布等物品作适当防护，尽量不要吸入烟尘，防止灼伤呼吸道。尽可能将身体压低，用手脚触地爬到安全处。

③戒严禁入。爆炸过后，事发地可能还存在一些潜在的危险，非专业人员不要前往事发地区，防止发生新的伤害事故。另外，撤离现场时应尽量保持镇静，别乱跑，防止再度引起恐慌，增加伤亡。

案例　广东一天三起触电事件4人死亡

2018年6月8日，受台风“艾云尼”影响，广东多地暴雨。6月8日11时许，肇庆市鼎湖区新八区枫苑路有一男子突然倒地，该男子触电身亡。6月8日17时许，广州白云区某交通运输职业学校一名17岁学生回家途中倒地，后经抢救无效死亡，抢救医院出具的死亡证明（推断）书显示死因为“电击伤”。6月8日19时许，一对母女在佛山市禅城区汾江中路花园购物广场正门公交站触电倒地，后经抢救无效死亡，禅城供电局工作人员赶赴现场勘查，发现系购物广场前公交站台广告牌漏电导致。据业内人士介绍，供电部门给居民、企业、单位等供电时，高压线至变压器、电表等部分，由供电部门负责维护，其他部分由用户自行负责，如交通杆、广告牌等，一般由路灯所负责。多数情况下，会安装漏电开关保护，若发生漏电等现象，且漏电开关没坏，会跳闸保护。一个漏电开关成功跳闸，但无法使漏电开关的线路前端也掉电，故需要多重保险，线路前端也需有相应的漏电开关。

2018 年 6 月 8 日广东肇庆一男子路边触电身亡

类似的事件在全国时有发生，例如，2012 年 7 月 21 日，北京发生暴雨到大暴雨，触电死亡 5 人；2016 年 7 月 19 日傍晚，河南开封遭遇暴雨，5 人在室外触电 4 人死亡，触电原因包括电线跌落、电线老化、空调漏电等。该事件带给我们的警示：一是供电单位和使用单位应采取措施保证电路及用电设备的安全，采用科技手段多重安装合格的漏电保护装置；二是辖区、社区基层在暴雨天气加强漏电隐患的排查与处置，必要时设立安全防护禁入围栏和警示提示；三雷雨天气在室外的人员做好自我保护，远离可能发生漏电以及遭遇雷电的危险区域。

4.5 遭遇动物跟暴力

大地震之后，腐败的尸体可能导致瘟疫的传播流行，一些动物可能受到惊吓或者逃脱后会伤害人类，还可能有不法之徒趁机抢夺作恶，小到病毒、细菌，大到牲畜、猛兽，还有暴力恐怖人群、恶人，不仅仅是地震灾害，日常生活中也会遇到。

1）灾区防疫

地震、洪水等重大灾害发生后，灾区痢疾、伤寒、肝炎、乙脑、疟疾、黑热病等传染性疾病往往会急剧增加，甚至可能发生鼠疫、炭疽的流行，需要及时防疫和注意个人卫生。

（1）消灭疫源：

重大灾害发生后，对疫源物的科学快速处置非常重要，是避免发生疫情和防止疫情扩散的强硬手段。

①滋生源。无论是家禽、牲畜等动物还是人类的尸体，都是瘟疫的滋生源，必须采取焚烧、石灰深埋或者海葬等方式进行处理，以消灭或灭绝疫菌体的繁殖。

②传播源。消灭蚊、蝇、蟑螂、老鼠等很可能携带病毒、细菌的传播源，在其宜生长繁殖的水沟、垃圾、泔水、粪便等处喷洒药物进行有效消杀，但应注意避免过度使用剧毒药物造成环境的破坏或二次污染。

③再生源。灾区发酵霉变的食物、带病的动物或人类的粪便等都可能是疫情的再生源，应予以深埋、隔断、远离等妥善处置。

（2）卫生饮食：

灾区很可能会出现水源等污染，个人必须要注意饮食卫生和安全，时刻牢牢把住入口关，不可麻痹大意。

①饮水。尽可能饮用密封瓶装矿泉水或纯净水，自来水、井水等必须烧开后或者专门设备净化后才能饮用。

②食品。尽量避免生吃食物，生的食品应加热熟透后再吃，久放或直接暴露在外的食品也需要进行高温消毒。

③餐具。餐具使用前应进行消毒，有条件的使用碗柜电子消毒，没有条件的可以煮沸消毒。注意餐前、便后都要洗手，要勤

洗手。

（3）隔离病体：

灾区个人应自觉做好与疫源体、病源体、传播体的隔离，尽可能避免发生直接接触，或者采取有效措施进行阻隔。

①水源。灾区的水源最容易受到污染，也是病毒、细菌最容易生长繁殖之地，一旦发现被污染的情况，除了不喝生水之外，也尽可能少接近污染的水源。

②患者。对于发现的传染性疾病的患者，应采取隔离措施，除医务人员外，其他人员要避免与其发生直接接触，近距离的探望也需要具备必要的防范知识和手段。

③动物。灾区生活需要注意避免被蚊虫叮咬，特别是夜间露宿最好涂抹防蚊油或使用驱蚊药、蚊帐等。尽量避免与宠物、牲畜、家禽等动物发生直接接触，特别是带传染性病菌的动物，采取措施防止苍蝇、蟑螂、老鼠等害虫的侵入。

2）动物袭击

地震等灾害发生中，一些动物可能敏感地跑了出来，或者冲破原来的束缚，也可能受到惊吓，从而对人们构成危害。日常生活生产中也可能会遭遇动物的袭击。

（1）毒虫：

常见的毒虫有马蜂、毒蛇、毒蜘蛛、蜱虫、红火蚁等等，一旦被咬伤应自行快速处理。对于自身肝肾或心脏有病疾或者功能欠缺的人，一定要及时到医院作进一步的检查诊治。

①阻止扩散。就地取材，在肢体伤口的近心脏一端进行扎结，阻止毒液随血液流向心脏或减慢其速度，但不能超过一个小时的长时间束扎，避免肢体坏死。

②吸出毒液。将伤口开放处理，尽量吸出毒液，有口腔溃疡或者破损的不能直吸，可用手挤出毒液。

③医药处置。就近到卫生站进行医药处置，严重的情况应再去大医院进行救治。注意观察伤口周围的情况，出现恶化的还应

及时再就医诊治。

（2）猛兽：

一般来说猛兽也是惧怕人类的，遇到猛兽不要惊慌逃跑，基本上也跑不过猛兽，需要沉着应对。

①面对。不要背对猛兽，要面对，不中断地盯着它，适当张开手臂，保持警觉，根据其反应进行缓慢移动。

②冷对。横眉冷对，冷静对之，一般保持原地不动，不主动攻击和挑衅，不可猫腰或者下蹲，更不能向猛兽的幼崽靠近或者移动。

③智对。寻找与之搏斗的工具，引开猛兽的注意力，点燃火或者鞭炮等，利用人类的智慧与之周旋，占据有利地形或环境，保证自己的生命安全。

（3）疯畜：

发情、受惊、患疯的家畜往往会伤及人类，特别容易伤害到孩子或老人，尤其是在农村地区。

①严管。对待疯畜或者有苗头的家畜要严加看管，施以牢固的锁链束缚，并设定警戒隔断，避免人员进入被其攻击的范围。

②追杀。对挣脱束缚可能伤人的疯畜，要全力尽快予以围剿和追杀，同时让老人和孩子留在屋内等安全的区域躲避，要将杀死的疯畜尸体妥善处置。

③就医。一旦被疯畜咬伤或者抓伤，要尽快到正规的医院进行救治，严格按照医嘱用药，并注意观察身体的异样变化，预防潜伏发作。

3）暴恐人群

遭遇灾难也可能令正常的人情绪失控导致行为过激，在日常接触人群中，也常会遇到有暴力倾向的人，主要是酗酒的、吸毒的、精神疾病的、心理障碍的、恐怖分子、犯罪嫌疑人等等。

（1）控制：

对于暴恐人群一般是比较容易识别的，其发作也往往有先兆或经历，最有效的应对策略就是事先对其采取控制手段，防止其发生祸害。

①心理疏导。多数情况下对他人的伤害或者自残行为，都是出于一时的冲动，事先对其进行心理疏导和治疗，舒缓其心理压力、抑郁、气愤、仇恨等情绪，可以大大减少过激行为的发生。

②行为监视。对有暴力倾向或者具有潜在暴力发作的人应进行监视，发现危害性问题的苗头要及时有针对性处理，避免酿成大祸。

③危险防控。及时控制危险性人物，限制其行动自由，控制其活动范围，隔离其可能接触到的各种伤人工具。

（2）远离：

远离暴力倾向的人不失为保护自己的上策，发现情绪失控、无理取闹的暴力倾向的人，且一时不会伤及周边无辜的情况，可以采取回避、远离的方式，可以令其无法施展、避免伤害。

①不冲动。常常灾祸从口而出，往往冲动带来后患。自己保持理性不冲动，不把他人逼急或置于死地，不与暴力倾向的人进行争辩，不求一时言语之快伤害他人自尊，往往一个人的自尊或尊严比其生命更重要。

②不激化。不激化矛盾，不主动发起挑衅使对抗升级，大事化小，小事化了，道歉是一种美德，忍一时就可能避免一场灾祸。

③不靠近。不围观、不靠近暴恐之人，迅速躲开、逃走或隐蔽起来，特别是他强我弱力量悬殊的情况，尽量不与之正面对抗，远而避之地保护好自身安全。

（3）对抗：

在对暴恐者不能实行有效控制或者摆脱远离的情况，就要与之进行对抗。

①适时呼救。在有人的地方或者可能有人施救的情况，要大声呼救，甚至可以呼唤亲人的昵称，集中突然发力摆脱束缚。但在没有人烟的地方或者与暴恐者独处的情况，应避免呼喊、对

视、凝视，防止刺激其对自己下毒手。

②巧妙周旋。先表现出顺从、配合、诚恳的态度，尽量取得同情和信任，多谈心和引导，尽可能引向有其他人员的地方，与之巧妙周旋，然后设法逃脱或求救。

③利用工具。在与之发生正面对抗搏斗之前，要尽量寻找棍棒、石块、铁器等有利的工具，寻找好对手的弱点及有利时机，突然勃发一招制敌，取得有利形势后迅速离开，逃向有人烟的安全区域。

案例 **重庆万州区公交车坠江15人死亡**

2018年10月28日上午，重庆万州区公交驾驶员冉某驾驶22路公交车沿路线正常行驶，乘客刘某在龙都广场四季花城站上车，其目的地为壹号家居馆站。由于道路维修改道，22路公交车不再行经壹号家居馆站，当车行至南滨公园站时，驾驶员冉某提醒到壹号家居馆的乘客在此站下车，刘某未下车。在车继续行驶途中，刘某发现车辆已过自己的目的地站，要求下车，但该处无公交车站，驾驶员冉某未停车。刘某从座位起身走到正在驾驶的冉某右后侧，靠在冉某旁边的扶手立柱上指责冉某，冉某多次转头与刘某解释、争吵，双方争执逐步升级，并相互有攻击性语言。当车行驶至万州长江二桥距南桥头348米处时，刘某右手持手机击向冉某头部右侧，冉某右手放开方向盘还击，侧身挥拳击中刘某颈部，随后，刘某再次用手机击打冉某肩部，冉某用右手格挡并抓住刘某右上臂。冉某收回右手并用右手往左侧急打方向，导致车辆失控向左偏离越过中心实线，与对向正常行驶的红色小轿车相撞后，冲上路沿、撞断护栏坠入江中。车上15人（含公交司机）全部遇难。

事实上乘客与公交车司机发生争执、干扰驾驶的情况亦不鲜见，此次重庆万州公交车坠江是最恶劣的事件，应该可以避免。该事件带给我们的警示：一是要加强公交司机和乘客公民的警示教育，提高素质修养和安全防范意识，遇事宽厚包容、尊重礼让，管控好自己的情绪；二是要强化公众应对人为因素危及公共安全的处置能力，类似妨碍驾驶安全的情况，其他乘客应及时控制和制止闹事者，保证自身的安全不受威胁；三是要采取技术措施将公交车配置驾舱隔离门，保护司机的安全驾驶空间，并推广使用主动安全预警系统。

2018 年 10 月 28 日重庆万州区公交车坠江 15 人遇难

后 记

国家安全和社会稳定是贯彻落实创新、协调、绿色、开放、共享的新发展理念的基本前提，没有安全和稳定，一切都无从谈起。2019 年 3 月召开的全国“两会”上，习近平总书记强调，坚定贯彻新发展理念，全面做好稳增长、促改革、调结构、惠民生、防风险、保稳定各项工作。地震等自然灾害既关系到人民生命财产的安全也影响到社会的稳定，防范化解重大地震灾害风险，是各级党委、政府和领导干部的政治职责和政治担当，必须坚持守土有责、守土尽责，把防范化解重大地震风险工作做到实处、做出成效。要强化地震风险意识，提高地震灾害风险化解能力，完善地震灾害风险防控机制。作为防震减灾工作者，必须肩负起防范化解重大地震灾害风险的政治担当。

地震灾害最主要、最直接就是造成建筑物或构筑物等建设工程的破坏倒塌。因此，从政府层面来说，减轻地震灾害风险的最有效措施，就是减少建（构）筑物的倒塌，一是依靠强制性的抗震技术规范性制度，二是依托对于抗震十分不利地段的规划避让或采取针对性的工程抗震措施要求；从社会层面来说，就是要查找和消除地震及其灾害链上的安全隐患，就地震直接灾害而言，其安全隐患就是易倒塌建筑物、易倒砸构筑物、易倒压重家具、易掉落非结构构件等等；从个人层面来说，就是要提高防灾意识和具备防灾应对技能，做到在灾害、灾难、灾祸等发生之前能够有所思考、有所察觉、有所准备，首要保护好自身的生命安全。

本书主要叙述了国家和社会对地震灾害的防范对策和措施以及在地震及其可能引发的其他常见灾害中的个人应对技巧。科学上来说，各种灾害防范或减少风险的环节、方法都是相通的，重点都是在于事先的预防，希望此书能够对防震减灾工作者特别是市县基层人员有所帮助，并带来更多的启发和思考。

人类对自然规律的认知没有止境，防灾减灾、抗灾救灾是人类生存发展的永恒课题。地震尚是人类无法控制、难以预测的灾害，一些具有破坏力的中强地震的发生颇具随机性，一次次地震本身就是“黑天鹅”事件，然而地震灾害却是可以减轻甚至避免的，摆在我们面前的抗震能力不足、建设选址不当等等，就是地震灾害风险中的“灰犀牛”事件。因此学会“与地震风险共处”，实现人与自然和谐发展，需要全社会共同努力，从消除每一处地震灾害隐患做起，必将提高我国地震灾害的防治能力，为实现中华民族伟大复兴的中国梦保驾护航。